Das Buch

Georg Cantor gab vor hundert Jahren, am 7. Dezember 1873, in einem Brief an seinen Kollegen und Freund Richard Dedekind eine Methode an, mit der der Beweis geführt werden konnte, daß die Menge der reellen Zahlen nicht abzählbar ist. Zum erstenmal wurde damit gezeigt, daß auch im Bereich des Unendlichen noch Strukturen unterschieden werden können. Wie Cantor diesen ersten Ansatz zu einer neuen mathematischen Disziplin, der Mengenlehre, ausbaute, welche Modifikationen sein System im Laufe der Zeit erfuhr und welche Bereiche es inzwischen umfaßt, beschreibt dieses Buch.

Der Autor

Prof. Dr. Herbert Meschkowski, geb. 1909 in Berlin, ist seit 1949 ordentlicher Professor an der Pädagogischen Hochschule Berlin. Er veröffentlichte zahlreiche einführende und spezielle Bücher zur Mathematik, davon u. a. ›Einführung in die Moderne Mathematik‹, ›Grundlagen der euklidischen Geometrie‹, ›Mathematisches Begriffswörterbuch‹, ›Mathematiker-Lexikon‹, ›Wahrscheinlichkeitsrechnung‹, ›Mathematik als Grundlage. Ein Plädoyer für ein rationales Bildungskonzept‹ (dtv 4130). Darüber hinaus ist er Herausgeber des ›Mathematik-Duden für Lehrer‹, des ›Schüler-Mathematik-Duden‹, Band 2, und von ›Meyers Handbuch über die Mathematik‹. 1974 folgt im dtv: ›Das Problem des Unendlichen. Mathematische und philosophische Texte von Bolzano, Gutberlet, Cantor, Dedekind‹.

Herbert Meschkowski:
Hundert Jahre Mengenlehre

Deutscher
Taschenbuch
Verlag

Originalausgabe
Dezember 1973
© Deutscher Taschenbuch Verlag GmbH & Co. KG, München
Umschlaggestaltung: Celestino Piatti
Gesamtherstellung: C. H. Beck'sche Buchdruckerei,
Nördlingen
Printed in Germany · ISBN 3-423-04142-0

Georg Cantor 1845–1918

Abdruck des Fotos von Georg CANTOR mit freundlicher Genehmigung der Bildstelle des Deutschen Museums, München.

Inhalt

I. Einleitung 9

II. CANTORS Begründung der Mengenlehre 13
   1. Paradoxien des Unendlichen 13
   2. Die Mächtigkeit unendlicher Mengen 16
   3. Das Kontinuum 23
   4. Der Teilmengensatz 30
   5. Beispiele 32

III. Die Antinomien 38
   1. Das Problem der Definitionen 38
   2. Die RUSSELLsche Antinomie 41
   3. Aktual- oder Potential-Unendlich? 46
   4. Paradoxien und Antinomien 49

IV. Die Axiomatisierung der Mengenlehre 54
   1. HILBERTS ›Grundlagen der Geometrie‹ 54
   2. Das System von ZERMELO 57
   3. Die NEUMANNsche Definition der natürlichen Zahlen 61
   4. Einwände 63
   5. Wohlgeordnete Mengen 64

V. Briefe zur Mengenlehre 68
   1. Vorbemerkungen 68
   2. Brief von CANTOR an GOLDSCHEIDER vom 18.6.1886 70
   3. Brief von CANTOR an Mrs. CHISHOLM-YOUNG vom 9.3.1907 81
   4. Brief von H. v. NEUMANN an ZERMELO vom 15.8.1923 85

VI. Mathematische Strukturen 89
   1. Entstehung der mathematischen Disziplinen . . 89
   2. Verknüpfungen 90
   3. Relationen 100
   4. Topologische Räume 102

5. Die Grundstrukturen	106
6. Aussagenlogik	109
7. BOURBAKI	114

VII. NEW MATH in der Schule 117
1. Das Problem 117
2. Logische Spiele 119
3. Endliche Mengen 122
4. Der Zahlbegriff 128
5. Die Addition natürlicher Zahlen 135
6. Die Multiplikation natürlicher Zahlen . . . 141

VIII. Neuere Ergebnisse der Mengenlehre 144
1. Das Problem 144
2. Ordnungszahlen 147
3. Kardinalzahlen 149
4. Die Frage der Widerspruchsfreiheit 153
5. Das Kontinuumproblem 154

Literatur 159
Register 160

I. Einleitung

Vor kurzem rief uns eine Fernsehreporterin an: Sie wollte wissen, was »Mengenlehre« sei. Wir wollten einen Termin für ein Gespräch vorschlagen, aber dazu reichte die Zeit nicht mehr. Schon am Abend sollte in einer aktuellen Sendung über einen eigenartigen Unterrichtsversuch berichtet werden. Ein Oberstudienrat eines Berliner Gymnasiums informierte in der Aula seiner Schule interessierte Eltern über die »neue«, auf der Grundlage der Mengenlehre basierende Mathematik. Es hatte sich herausgestellt, daß selbst mathematisch vorgebildete Väter ihrer »Elternpflicht« auf dem Gebiet der Mathematik nicht mehr nachkommen konnten. Auch der Berichterstatterin des Senders Freies Berlin war die »Mengenlehre« neu, und so wollte sie in einem Telefongespräch rasch »informiert« werden.

Es geschieht nicht sehr häufig, daß die exakte Wissenschaft Schlagzeilen in den Zeitungen macht. Und daß sich heute gelegentlich sogar Funk und Fernsehen für den Schulunterricht in der Mathematik interessieren, ist durchaus ein Novum.

Besonders erstaunlich ist es, daß ausgerechnet die *Mengenlehre* diese Wandlung in der öffentlichen Meinung erreicht hat. Die Theorie der Mengen ist ja bei dem Versuch entstanden, mit den *Problemen* des Unendlichen fertig zu werden. Die von dem Begründer der Mengenlehre, Georg CANTOR (1845–1918), gewonnene »neue Provinz« der Mathematik galt bis vor wenigen Jahren als ein nur fortgeschrittenen Mathematikern verständliches Gebiet der neueren Mathematik. Und jetzt sollen die Lernanfänger Mengenlehre betreiben?

Um das zu begründen, wollen wir auf die mathematischen Methoden eines uralten asiatischen Volkes hinweisen. Der Stamm der *Wedda* auf Ceylon hat keine Zahlwörter. Wenn man ein Mitglied dieses Stammes fragen würde, wie viele Kokosnüsse es habe, so würde es Stöcke vorzeigen, für jede Kokosnuß einen. Mit Hilfe dieser Stöcke kann es auch feststellen, ob irgend jemand ihm eine seiner Nüsse gestohlen hat: Wenn es wieder die Stöcke neben die Nüsse legte – immer einen Stock neben eine Kokosnuß –, dann würde ein Stock übrigbleiben, der der einen gestohlenen Kokosnuß zuzuordnen wäre[1].

---
[1] Vgl. dazu [20], S. 6.

Ein moderner Mathematiker würde sagen, der Mann aus Ceylon habe eine umkehrbar eindeutige (oder auch: eine eineindeutige) Zuordnung zwischen der Menge der Nüsse und der Menge der Stöcke hergestellt. Auf diese Weise gelingt ein Vergleich von zwei Mengen, obwohl kein Zahlbegriff benutzt wird.

Beim Umgang mit unendlichen Mengen war die Mathematik zunächst in einer ähnlichen Lage wie die Leute auf Ceylon: Es gab keine »transfiniten« Zahlen, und es schien so, als ob »in der Nacht des Unendlichen alle Katzen grau« seien. Das will sagen: Unendlich ist eben unendlich; es gibt keine Möglichkeiten der Differenzierung.

Das wurde anders, als CANTOR das Verfahren der eineindeutigen Zuordnung auf unendliche Mengen anwandte. Es entstand eine neue Disziplin der Mathematik, die »Mengenlehre«, die zunächst nur als die Theorie der transfiniten Mannigfaltigkeiten verstanden wurde.

Erst später, viel später, kam man darauf, daß diese Mengenlehre mehr ist als nur eine neue »Provinz« im Reiche der Mathematik. Sie kann verstanden werden als die Grundlage aller Mathematik überhaupt. Und insbesondere ist es möglich (das Beispiel der Wedda auf Ceylon beweist es), die Methoden dieser Theorie auf besonders einfache, endliche Mengen anzuwenden und auf diese elementare Weise das Rechnen zu begründen.

Im Titel dieser Schrift ist erwähnt, daß die *Mengenlehre 100 Jahre alt* ist. Hier sind verwunderte Fragen gerechtfertigt: Kann man denn überhaupt einen »Geburtstag« für eine wissenschaftliche Disziplin festlegen? Im allgemeinen kann man das tatsächlich nicht. Aber bei der Mengenlehre ist das möglich. Sie war – in ihren ersten Jahrzehnten – vorwiegend das Werk *eines* Forschers, ihres Begründers Georg CANTOR. Seine erste mengentheoretische Arbeit erschien 1874. Er hatte seine Ergebnisse aber schon im Jahr davor gewonnen. Das beweist sein Briefwechsel mit Richard DEDEKIND (1831–1915), über den wir im Kapitel II berichten werden. Es gibt einen *Brief vom 9. Dezember 1873*, in dem zum ersten Mal die Möglichkeit einer Unterscheidung im Gebiet des Transfiniten deutlich wird. CANTOR hat gezeigt, daß die Menge der reellen Zahlen »nicht abzählbar« ist[2]. Wir haben also einigen Grund, diesen Tag als den »Geburtstag« der Mengenlehre anzusehen. Deshalb haben wir

---

[2] Näheres darüber in Kap. II.

dem Verlag vorgeschlagen, diesen Band ein Jahrhundert später, im Dezember 1973, erscheinen zu lassen. Dieses Buch ist keine Geschichte der hundertjährigen Mengenlehre. Wir wollen heute, in einer Zeit, in der sich Schüler, Lehrer und Eltern um die Grundbegriffe der Mengenlehre bemühen, Verständnis schaffen für die *Grundgedanken* CANTORS *und* ihre Anwendung auf die NEW MATH, die neue, mengentheoretisch orientierte Schulmathematik.

Wir folgen dabei freilich der geschichtlichen Entwicklung, weil wir zunächst zeigen, wie die Mengenlehre als eine Theorie des Transfiniten entstand. Dann soll deutlich gemacht werden, wie die Mengenlehre zum »Fundament« der modernen Mathematik wurde (»Bourbaki«, vgl. Kap. VI). Schließlich geht es um die Fundierung der modernen Schulmathematik.

Wir setzen für die Lektüre dieser Schrift keine Spezialkenntnisse voraus. Sie soll für jeden lesbar sein, der die Mathematik der mittleren Schulstufe beherrscht und zu ernsthaftem Mitdenken bereit ist. Wir werden uns um eine einfache und verständliche Sprache bemühen. Erfahrungsgemäß ist aber damit noch nicht gesichert, daß wirklich alle Leser das Buch »verständlich« finden. Es gibt für den modernen Menschen eine Schwierigkeit beim Lesen mathematischer Texte, die wir an dieser Stelle erwähnen müssen.

Wir leben in einer schnellebigen Zeit, und gerade die führenden Köpfe sind gewohnt, »diagonal« zu lesen. Man überfliegt einen Artikel über die Außenpolitik oder über die Senkung des Diskontsatzes und begreift im allgemeinen das Wesentliche, wenn man tatsächlich nur jeden zweiten oder dritten Satz zur Kenntnis nimmt. Bei dieser Art des Lesens wird man aber mit mathematischer Literatur nicht fertig. Die Sprache des Mathematikers ist präzis und komprimiert. Es kommt auf jedes Wort an, und man muß den Sinn der eingeführten Begriffe gegenwärtig haben und auf die Bedeutung jedes Attributes achten, wenn man verstehen will.

Es macht keinen großen Unterschied, ob man sagt, eine Außenministerkonferenz sei durch die Staatssekretäre »vorbereitet« oder sie sei »wohl vorbereitet«. Hier geht es allenfalls um ein nicht sehr gewichtiges und nicht unbedingt gesichertes Werturteil des Berichterstatters. In der Mathematik ist aber genau festgelegt, wann eine Menge »geordnet« und wann sie »wohlgeordnet« heißt[3]. Das »wohl-« ist kein schmückender Zusatz.

[3] Vgl. dazu Kap. IV.

Wenn man die Definition der Wohlordnung nicht kennt, kann man einen Satz über wohlgeordnete Mengen nicht verstehen, auch wenn man wirklich weiß, was eine »geordnete« Menge ist.

Wir haben immer wieder an die mathematisch nicht vorgebildeten Leser gedacht und sind ausführlicher geworden, als das sonst in mathematischen Büchern üblich ist. Trotzdem: Wenn der Leser nicht bereit ist, genau zu lesen, Wort für Wort, ist alles didaktische Bemühen von unserer Seite aus umsonst.

Es geht in dieser Schrift um eine Einführung in die Grundprobleme der Mengenlehre und vor allem um das Verständnis für die NEW MATH in der Schule. Wir können aber in diesem Band weder ein komplettes Lehrbuch der Mengenlehre unterbringen noch eine Aufgabensammlung für Väter, die mit den Schulaufgaben ihrer Kinder nicht fertig werden. Es gibt Bücher, die sich solche Ziele gesetzt haben. Wir wollen durch ein Literaturverzeichnis am Ende des Bandes zu weiterer Beschäftigung mit den Problemen anregen. Nummern in eckigen Klammern weisen auf dieses Literaturverzeichnis hin.

II. Cantors Begründung der Mengenlehre

1. Paradoxien des Unendlichen

In seinem Buch ›Von der wissenden Unwissenheit‹ schreibt der Kardinal Nikolaus von Cues (1401–1464) über die gerade Linie (S. 95f.):

> Wenn eine unendliche Linie aus unendlich vielen Strecken von ein Fuß Länge zusammengesetzt wäre, eine andere aus unendlich vielen Strecken von zwei Fuß Länge, so wären sie nichtsdestoweniger notwendig gleich, da das Unendliche nicht größer sein kann als Unendlich.

Eine ähnliche Paradoxie des Unendlichen hat später der Physiker Galilei erwähnt. Er wunderte sich darüber, daß es möglich ist, eine umkehrbar eindeutige Zuordnung zwischen der Menge der natürlichen Zahlen und einer ihrer echten Teilmengen, herzustellen, etwa der Menge der geraden Zahlen. Dazu braucht man nur unter die Folge 1, 2, 3, 4, ... der natürlichen Zahlen die der geraden positiven Zahlen aufzuschreiben und die Zuordnung durch einen Doppelpfeil zu markieren:

(1)
$$\begin{array}{ccccccccc} 1 & 2 & 3 & 4 & 5 & 6 & 7 & 8 & 9 \ldots \\ \updownarrow & \updownarrow & \updownarrow & \updownarrow & \updownarrow & \updownarrow & \updownarrow & \updownarrow & \updownarrow \\ 2 & 4 & 6 & 8 & 10 & 12 & 14 & 16 & 18 \ldots \end{array}$$

Man kann danach jeder natürlichen Zahl genau eine positive gerade Zahl umkehrbar eindeutig zuordnen:

$n \leftrightarrow 2n,$

obwohl doch die Menge der positiven geraden Zahlen in der Menge der natürlichen Zahlen echt enthalten ist: Jede der Zahlen 2, 4, 6, 8, 10, ... kommt ja auch in der oberen Reihe von (1) vor. Aber die obere Reihe enthält *außerdem* die ungeraden Zahlen 1, 3, 5, 7, 9, ...

Man kann sich diesen eigenartigen Sachverhalt so verdeutlichen: Stellen wir uns ein »unendlich großes« Hotel vor, ein Hochhaus mit unendlich vielen Einzelzimmern. Es sei voll belegt. Jetzt kommt eine Delegation mit unendlich vielen Teilnehmern einer Konferenz, die auch noch unterkommen will.

In einem »gewöhnlichen« Hotel wäre in einer entsprechenden Situation nichts zu machen: Die Konferenzteilnehmer müßten sich anderswo bemühen. Aber der Chef unseres »unendlichen« Hotels weiß Rat. Er bittet einfach die schon im Hotel wohnenden Gäste umzuziehen: Der Herr von Nr. 1 zieht nach Nr. 2, der von Nr. 2 nach Nr. 4, usf. Allgemein: Der Gast aus dem Zimmer mit der Nummer n zieht in das Zimmer mit der Nummer $2n$. Auf diese Weise werden die Zimmer mit ungerader Nummer frei für die unendlich vielen neuen Gäste.

Im 19. Jh. hat Bernhard BOLZANO (1781–1848) in einer noch heute lesenswerten Schrift die damals bekannten ›Paradoxien des Unendlichen‹ zusammengestellt. Wir wollen noch eines seiner Beispiele erwähnen: Durch die Funktion

(2) $\quad x \rightarrow y = \frac{12}{5} x$

wird offenbar die Menge der reellen Zahlen x mit der Eigenschaft $0 \leq x \leq 5$ *umkehrbar eindeutig* der Menge der reellen Zahlen y mit der Eigenschaft $0 \leq y \leq 12$ zugeordnet. Zu $x = 0$ gehört ja $y = 0$, zu $x = 1$ gehört $y = \frac{12}{5}$; $x = 2$ hat das »Bild« $y = 2 \cdot \frac{12}{5} = \frac{24}{5}$, usf. Zu $x = 5$ schließlich gehört $y = 12$.

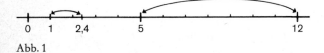

Abb. 1

Die durch die Abb. 1 erläuterte Zuordnung könnte man so deuten: Es gibt zwischen 0 und 5 »ebenso viele« Zahlen wie zwischen 0 und 12: Wir haben ja jedem Element der einen Menge *genau ein Element der anderen umkehrbar eindeutig* zugeordnet. Und doch ist das zweite Intervall »größer«: Es enthält ja noch die Zahlen y mit der Eigenschaft $5 < y \leq 12$.

Um die durch den Umgang mit dem Unendlichen erreichte Verwirrung noch zu vergrößern, wollen wir darauf hinweisen, daß man die Menge der natürlichen Zahlen auch auf die Menge der *positiven rationalen Zahlen* umkehrbar eindeutig abbilden kann.

Rationale Zahlen: das sind die Brüche $\frac{p}{q}$ mit ganzen Zahlen p und q ($q \neq 0$). Wir beschränken uns auf die Menge $\mathbb{Q}^+$ der positiven rationalen Zahlen und wollen zeigen, daß man sie abzählen (numerieren) kann.

Zur Menge $\mathbb{Q}^+$ gehören auch alle natürlichen Zahlen 1, 2, 3, ..., die man ja in der Form $1 = \frac{1}{1}, 2 = \frac{2}{1}, \ldots$ schreiben kann. Doch schon zwischen 0 und 1 liegen bereits unendlich viele rationale Zahlen. Da sind z. B. die Brüche

$$\frac{1}{2}, \frac{1}{2^2}, \frac{1}{2^3}, \frac{1}{2^4}, \ldots$$

Aber es gibt natürlich noch andere. Für *jede* natürliche Zahl q ist $\frac{p}{q}$ ja eine rationale Zahl mit der Eigenschaft $0 < \frac{p}{q} < 1$, wenn nur p eine natürliche Zahl mit der Eigenschaft $p < q$ ist. Wie soll man diese Zahlen so »abzählen«, daß jeder dieser Brüche eine Nummer bekommt und keine Zahl beim Numerieren vergessen wird?

Das kann man tatsächlich erreichen. Wir wollen dazu die Zahl $r = p + q$ die *Höhe* der rationalen Zahl $\frac{p}{q}$ nennen; die Zahl $\frac{1}{2}$ hat danach die Höhe 3, $\frac{3}{5}$ hat die Höhe 8, usf.

Die kleinste mögliche Höhe ist offenbar 2; sie kommt der rationalen Zahl $\frac{1}{1} = 1$ zu. Zur Höhe 3 gehören die Brüche $\frac{1}{2}$ und $\frac{2}{1} = 2$. Die Brüche $\frac{1}{3}, \frac{2}{2} = 1, \frac{3}{1} = 3$ haben die Höhe 4, usf. Wir können in unserer Aufzählung $\frac{2}{2} = 1$ weglassen, weil wir ja die 1 schon in der Form $\frac{1}{1}$ erfaßt haben. Zu jeder Höhe h gehören offenbar *endlich viele* Brüche. Ihre Anzahl ist höchstens gleich der Zahl der Möglichkeiten, h als Summe zweier natürlicher Zahlen zu schreiben: $h = p + q$. Wir sagen *höchstens*, weil es ja vorkommen kann, daß p und q einen gemeinsamen Teiler haben. Es ist z. B. $\frac{4}{6} = \frac{2}{3}$. Wir können also bei den Brüchen mit der Höhe 10 den Bruch $\frac{4}{6}$ weglassen, da $\frac{4}{6} = \frac{2}{3}$ schon bei den Brüchen mit der Höhe 5 erfaßt wurde.

Notieren wir nun die positiven rationalen Zahlen *nach steigender Höhe*; bei Zahlen mit gleicher Höhe soll $\frac{p}{q}$ vor $\frac{r}{s}$ stehen, wenn $\frac{p}{q} < \frac{r}{s}$ oder $p \cdot s < r \cdot q$ ist.

Auf diese Weise erhalten wir die folgende »Abzählung« der Menge $\mathbb{Q}^+$:

(3)

$\mathbb{Q}^+$	$\frac{1}{1}$	$\frac{1}{2}$	$\frac{2}{1}$	$\frac{1}{3}$	$\frac{3}{1}$	$\frac{1}{4}$	$\frac{2}{3}$	$\frac{3}{2}$	$\frac{4}{1}$	$\frac{1}{5}$	$\frac{5}{1}$	$\frac{1}{6}$	$\frac{2}{5}$	$\frac{3}{4}$	...
$\mathbb{N}$	1	2	3	4	5	6	7	8	9	10	11	12	13	14	...

In der zweiten Zeile von (3) steht die dem Bruch $\frac{p}{q}$ zugeordnete »Nummer«. Wir haben damit tatsächlich eine umkehrbar eindeutige[1] Zuordnung zwischen der Menge $\mathbb{Q}^+$ und der Menge $\mathbb{N}$ der natürlichen Zahlen vollzogen[2]. Jedes Element von $\mathbb{Q}^+$ erhält auch wirklich eine Nummer, da ja jeder Bruch eine Höhe hat und jede zu irgendeiner Höhe gehörende rationale Zahl bei unserem Verfahren erfaßt wird.

Das Ergebnis dieser Untersuchungen ist bedrückend. Es scheint, als seien »in der Nacht des Unendlichen doch alle Katzen grau«. Das will sagen: Wir haben noch keine Möglichkeit gefunden, Differenzierungen für unendliche Mengen vorzunehmen. Die vielen Möglichkeiten der eineindeutigen Zuordnung führen außerdem zu Ergebnissen, die dem zunächst an den Umgang mit dem Endlichen vertrauten Mathematiker »paradox« erscheinen.

Es ist das bleibende Verdienst von Georg CANTOR, daß er vor diesen Schwierigkeiten nicht kapitulierte. Es sollte sich herausstellen, daß gerade das Verfahren der eineindeutigen Zuordnung das geeignete Mittel war, um eine gesicherte Theorie des Unendlichen zu fundieren.

2. Die Mächtigkeit unendlicher Mengen

Im Jahre 1872 traf Georg CANTOR bei einer Reise in die Schweiz mit dem Braunschweiger Mathematiker Richard DEDEKIND zusammen. Diese zufällige Begegnung wurde für die Geschichte der Mathematik bedeutsam. Es entstand zwischen den beiden Forschern ein Briefwechsel, der uns heute zugänglich ist, und der die Entstehung der grundlegenden ersten Ergebnisse der Mengenlehre erkennen läßt.

CANTOR hatte sich (als Schüler des großen Berliner Analytikers Carl WEIERSTRASS [1815–1897]) mit der Theorie der FOURIERschen Reihen beschäftigt und war dabei auf Probleme über »Punktmengen«[3] gestoßen. Über eine Frage dieses Themenkreises schrieb er am 29. November 1873 an DEDEKIND:

> Man nehme den Inbegriff aller positiven ganzzahligen Individuen n und bezeichne ihn mit (n); ferner denke man sich etwa den Inbegriff aller positiven reellen Zahlgrößen x und bezeichne ihn mit (x); so ist die Frage einfach die, ob sich (n)

---

[1] Man sagt für »umkehrbar eindeutig« auch kürzer: *eineindeutig* oder *bijektiv*.
[2] Es sei dem Leser empfohlen, die in (3) dargestellte Zuordnung fortzusetzen.
[3] Das Wort »Menge« wird von CANTOR erst später eingeführt. Er spricht zunächst z. B. vom »Inbegriff« aller positiven ganzzahligen Individuen.

dem (x) so zuordnen lasse, daß zu jedem Individuum des einen Inbegriffs ein und nur eines des anderen gehört? Auf den ersten Anblick sagt man sich, nein, es ist nicht möglich, denn (n) besteht aus discreten Theilen, (x) aber bildet ein Continuum; nur ist mit diesem Einwande nichts gewonnen und so sehr ich mich auch zu der Ansicht neige, daß (n) und (x) keine eindeutige Zuordnung gestatten, kann ich doch den Grund nicht finden und um den ist mir zu thun, vielleicht ist er ein sehr einfacher.

CANTOR wußte bereits, daß die Menge der positiven rationalen Zahlen *abzählbar* ist, so wie wir vorhin bewiesen haben. Er stellt jetzt seinem Braunschweiger Freund die Frage, ob etwa auch die Menge aller *reellen* Zahlen durch ein ähnliches Verfahren numeriert werden könne.

Interessant ist für uns heute, daß beide Briefpartner die Fragestellung zunächst nicht für besonders wichtig hielten. So schrieb CANTOR am 2. Dezember 1873 wieder nach Braunschweig:

> Übrigens möchte ich hinzufügen, daß ich mich nie ernstlich mit ihr beschäftigt habe, weil sie kein besonders practisches Interesse für mich hat und ich trete Ihnen ganz bei, wenn Sie sagen, daß sie aus diesem Grunde nicht viel Mühe verdient. Es wäre nur schön, wenn sie beantwortet werden könnte; z. B., vorausgesetzt daß sie mit *nein* beantwortet würde, wäre damit ein neuer Beweis des Liouvilleschen Satzes geliefert, daß es transcendente Zahlen giebt.

Später freilich erkennen beide Mathematiker, wie bedeutsam die Antwort auf die von CANTOR gestellte Frage ist. Aber auf die Folgerungen aus dem CANTORschen Beweis wollen wir erst später eingehen. Zunächst haben wir den CANTORschen Beweis für die Nichtabzählbarkeit der reellen Zahlen darzustellen. Er steht in seinem *Brief vom 7. Dezember 1873* an DEDEKIND. Wir haben Anlaß, diesen Tag als den *Geburtstag der Mengenlehre* zu bezeichnen, weil ja durch diesen Beweisgang klargestellt wurde, daß eben nicht »in der Nacht des Unendlichen alle Katzen grau« sind, wie wir zunächst befürchteten (vgl. S. 16). Es gibt (nach CANTOR) tatsächlich eine Möglichkeit, im Unendlichen zu »differenzieren«.

CANTORS Beweis bezieht sich auf die Menge der *reellen Zahlen*. Wir müssen uns versagen, an dieser Stelle eine Einführung in die Theorie dieser Zahlen unterzubringen[4]. Es mag die Feststellung

[4] Vgl. dazu z. B. [8] oder [13].

genügen, daß man reelle Zahlen durch unendliche Dezimalbrüche darstellen kann. So ist z. B. die aus der Kreislehre bekannte Zahl

$$\pi = 3{,}1415926\ldots$$

eine reelle Zahl. Die *rationalen* Zahlen sind dadurch ausgezeichnet, daß ihre Dezimalbruchentwicklung periodisch ist. Reelle Zahlen kann man auf der Zahlengeraden (Abb. 2) darstellen.

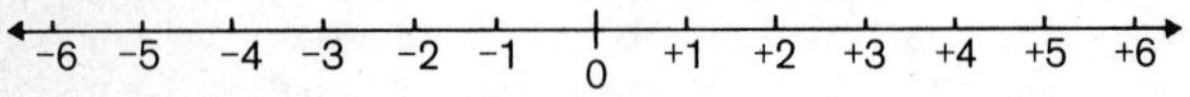

```
<--+----+----+----+----+----+----+----+----+----+----+----+----+-->
  -6   -5   -4   -3   -2   -1    0   +1   +2   +3   +4   +5   +6
```

Abb. 2

Aus den Axiomen der Geometrie kann man herleiten, daß jedem Punkt dieser Geraden genau eine reelle Zahl zugeordnet werden kann[5]. Und umgekehrt entspricht jeder reellen Zahl genau ein Punkt auf der Zahlengeraden. Danach können Aussagen über reelle Zahlen auch durch Sätze über die Zahlengerade ersetzt werden.

Wir wollen nun den klassischen Beweis CANTORS für die Nichtabzählbarkeit in moderner (vereinfachter) Darstellung bringen und führen dazu zuerst den Begriff der *Intervallschachtelung* ein.

Ein *offenes Intervall* $]A, B[$ ist die Menge der Punkte der durch A und B bestimmten Geraden, die *zwischen* A und B liegen. Man erhält entsprechend das *abgeschlossene Intervall* $[A, B]$, wenn man noch die Punkte A und B selbst dazu nimmt. Entsprechend kann man für die reellen Zahlen Intervalle einführen. $[1, 2]$ ist z. B. die Menge aller reellen Zahlen, die den Ungleichungen $1 \leqq x \leqq 2$ genügen. Eine Menge[6]

$$\{[A_n, B_n]\} \quad (n = 1, 2, 3, \ldots)$$

von Intervallen einer Geraden heißt nun eine *Intervallschachtelung*, wenn folgende Bedingungen erfüllt sind:

1. Jedes Intervall $[A_{n+1}, B_{n+1}]$ ist in $[A_n, B_n]$ enthalten.
2. Zu jeder positiven reellen Zahl ε gibt es eine Nummer n, so daß die Länge l_n des Intervalls $[A_n, B_n]$ kleiner als ε ist.

---

[5] Näheres darüber in [13].
[6] $[A_n, B_n]$ ist ein *einzelnes* Intervall. $\{[A_n, B_n]\}$ die Menge *aller* Intervalle $[A_n, B_n]$, $n = 1, 2, 3, \ldots$.

Wer die Sprache der modernen Analysis kennt, wird die zweite Bedingung so formulieren können: Für die Längen l_n der Intervalle gilt

(4) $\lim\limits_{n\to\infty} l_n = 0$.

Wir brauchen aber diese Schreibweise (4) nicht. Es genügt die Feststellung, daß in einer Intervallschachtelung immer auch Intervalle von *beliebig kleiner* Länge vorkommen. Betrachten wir als Beispiele die Intervalle

$$I_n = \left[-\frac{1}{n}, +\frac{1}{n}\right], \quad J_n = \left[-\frac{1}{n}, 1+\frac{1}{n}\right], \quad n = 1, 2, 3, \dots$$

auf der Zahlengeraden. Sie sind in der Abb. 3a, b dargestellt. Die Intervalle I_n bilden eine Intervallschachtelung, die Intervalle J_n aber nicht, weil ja alle Intervalle J_n Längen haben, die größer als 1 sind.

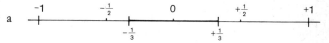

Abb. 3

Aus den Axiomen der Geometrie kann man die folgende anschaulich einleuchtende Tatsache herleiten:

Für jede Intervallschachtelung $\{[A_n, B_n]\}$ einer Geraden gibt es genau einen Punkt P, der allen Intervallen angehört.

Wir beschränken uns darauf, das durch die Abb. 4a zu verdeutlichen[7].

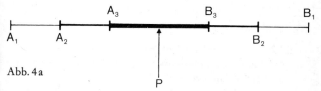

Abb. 4a

---

[7] Man findet den Beweis in: MESCHKOWSKI, Grundlagen der euklidischen Geometrie (BI-Taschenbuch 105), S. 86.

Nach diesen Vorbereitungen kommen wir zu dem CANTORschen Beweis. Nehmen wir an, die Menge der Punkte eines abgeschlossenen Intervalls $[A, B]$ seien auf irgendeine Weise abzählbar. Es gäbe also dann eine Folge $\{P_n\}$ $(n = 1, 2, 3, \ldots)$ von Punkten, die alle dem Intervall $[A, B]$ angehören, und *umgekehrt wäre jeder Punkt dieses Intervalls gleich einem Punkt der Folge* $\{P_n\}$. Wir wollen zeigen, daß das unmöglich ist.

Nehmen wir an, uns sei eine solche Folge $\{P_n\}$ gegeben, von der behauptet wird, daß sie *alle* Punkte des Intervalls enthalte. Wir werden dann *einen* Punkt P angeben, der bestimmt nicht erfaßt worden ist.

Der Einfachheit wegen nehmen wir an, die Länge des Intervalls $[A, B]$ sei gleich 1. Wir wählen dann ein Teilintervall $[A_1, B_1]$ von $[A, B]$ aus, das den ersten Punkt P_1 der Folge P_n *nicht* enthält und die Länge $\frac{1}{3}$ hat (Abb. 4b).

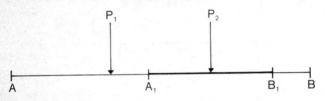

Abb. 4b

Es kann sein, daß der zweite Punkt P_2 unserer Folge in $[A_1, B_1]$ liegt (es muß aber nicht sein). Auf jeden Fall können wir ein Teilintervall $[A_2, B_2]$ von $[A_1, B_1]$ auswählen, das die Länge $(\frac{1}{3})^2 = \frac{1}{9}$ hat und P_2 nicht enthält.

So fahren wir fort. Wir erhalten auf diese Weise Intervalle $[A_n, B_n]$, die folgende Eigenschaften haben:

1. $[A_{n+1}, B_{n+1}]$ ist in $[A_n, B_n]$ enthalten.
2. Die Länge des Intervalls $[A_n, B_n]$ ist $\dfrac{1}{3^n}$.
3. Die Punkte $P_1, P_2, \ldots P_n$ sind *nicht* im Intervall $[A_n, B_n]$ enthalten.

Aus 1 und 2 folgt, daß unsere Folge von Intervallen den Charakter einer Intervallschachtelung hat. Es gibt deshalb einen Punkt P, der in allen Intervallen der Folge enthalten ist. Wir behaupten, daß dieser Punkt P mit keinem der Punkte P_n identisch ist. Wäre nämlich $P = P_m$, so hätten wir den folgenden Widerspruch:

a) P liegt in allen Intervallen der Folge, also auch in $[A_m, B_m]$.
b) Nach 3 ist $P = P_m$ nicht in $[A_m, B_m]$ enthalten.

Aus diesem Widerspruch folgt, daß die Annahme falsch war, das Intervall $[A, B]$ könne auf irgendeine Weise »abgezählt« werden.

Wenn schon ein Intervall nicht abgezählt werden kann, dann ist das natürlich erst recht für die ganze Gerade oder für die Menge $\mathbb{R}$ aller reellen Zahlen unmöglich.

Man sagt von zwei Mengen A und B, sie seien *äquivalent* oder *von gleicher Mächtigkeit*, wenn es eine eineindeutige Abbildung zwischen den Mengen A und B gibt. A heißt von *kleinerer Mächtigkeit* als B, wenn es keine eindeutige Abbildung von A auf B gibt, wohl aber eine solche von A auf eine Teilmenge B' von B.

Machen wir uns diese Erklärung an einem einfachen Beispiel klar. Drei Herren haben ihre Hüte in der Garderobe abgelegt. Man kann eine eineindeutige Zuordnung zwischen der Menge A der Herren und der Menge B der Hüte vollziehen, indem man jedem seinen Hut aufsetzt. Befinden sich aber vier Hüte in der Garderobe[8], so ist nur eine eindeutige Zuordnung zwischen der Menge der Herren und einer *Teilmenge* von B möglich: Ein Hut bleibt übrig.

Für unsere Zahlmengen $\mathbb{N}, \mathbb{Q}$ und $\mathbb{R}$ können wir nach den gewonnenen Ergebnissen sagen:

Die Menge $\mathbb{N}$ der natürlichen Zahlen und die Menge $\mathbb{Q}$ der rationalen Zahlen sind von gleicher Mächtigkeit. Die Mengen $\mathbb{N}$ und $\mathbb{Q}$ sind von kleinerer Mächtigkeit als die Menge $\mathbb{R}$ der reellen Zahlen.

Um die Bedeutung dieses Ergebnisses zu würdigen, wollen wir noch ein weiteres Ergebnis Cantors über reelle algebraische Zahlen anfügen. Eine reelle Zahl heißt »*algebraisch*«, wenn sie Lösung einer algebraischen Gleichung

$$a_n x^n + a_{n-1} x^{n-1} + \ldots + a_1 x + a_0 = 0$$

mit ganzzahligen Koeffizienten a_v ($v = 0, 1, 2, \ldots n$) ist. Danach sind zunächst alle rationalen Zahlen $\frac{p}{q}$ algebraisch, denn $\frac{p}{q}$ ist ja Lösung der Gleichung

$$qx - p = 0.$$

---

[8] B hätte dann vier Elemente.

Aber auch $\sqrt{2}$, $\sqrt[3]{3}$ und $\sqrt{4+2\sqrt{2}}$ sind algebraische Zahlen. Sie sind Lösungen der Gleichungen

$x^2 - 2 = 0$, bzw.
$x^3 - 3 = 0$, bzw.
$x^4 - 8x^2 + 8 = 0$.

Alle »Wurzelausdrücke« (in ganzen Zahlen) sind offenbar algebraische Zahlen. Andererseits kann man zeigen, daß es algebraische Gleichungen gibt, die sich nicht durch Wurzelausdrücke lösen lassen. Es gibt also »sehr viel« algebraische Zahlen, »viel mehr« als rationale. Wir setzen hier Anführungsstriche, weil wir uns hier einer mathematisch nicht präzisierten Umgangssprache bedienen.

Die Menge $\mathbb{A}$ der reellen algebraischen Zahlen ist also umfassender als die Menge $\mathbb{Q}$ der rationalen. Ist sie vielleicht mit der Menge $\mathbb{R}$ aller reellen Zahlen identisch? Das ist nicht der Fall. CANTOR bewies: Auch *die Menge $\mathbb{A}$ der reellen algebraischen Zahlen ist abzählbar*. Wir wollen darauf verzichten, hier den Beweis wiederzugeben. Man findet ihn z. B. in [10].

Aus diesem Ergebnis kann man folgern, daß es *nichtalgebraische reelle Zahlen* gibt. Man nennt sie *transzendente* Zahlen. *Die Menge dieser transzendenten Zahlen ist nicht abzählbar*. Das ist leicht zu begründen. Sind nämlich

$A = \{a_1, a_2, a_3, a_4, \ldots\}$,
$B = \{b_1, b_2, b_3, b_4, \ldots\}$

abzählbare Mengen, so ist die »Vereinigungsmenge«

$C = A \cup B$

auch abzählbar.

Dabei ist $A \cup B$ (die Vereinigungsmenge) die Menge jener Elemente, die zu (mindestens) einer der beiden Mengen A und B gehören. Nehmen wir an, daß die Elemente von A von denen von B verschieden sind. Dann kann man ja die Vereinigungsmenge $C = A \cup B$ so schreiben:

$C = A \cup B = \{a_1, b_1, a_2, b_2, a_3, b_3, \ldots\}$

Diese Menge C kann offenbar numeriert (abgezählt) werden. Das gilt erst recht, wenn A und B auch gemeinsame Elemente haben. Damit haben wir gezeigt: *Die Vereinigungsmenge zweier abzählbarer Mengen ist wieder abzählbar*.

Nun ist die Menge $\mathbb{R}$ der reellen Zahlen darstellbar als die Vereinigungsmenge der Menge $\mathbb{A}$ der reellen algebraischen und der Menge $\mathbb{T}$ der reellen transzendenten Zahlen. $\mathbb{A}$ ist abzählbar. Wäre auch $\mathbb{T}$ abzählbar, so müßte es nach dem eben erwähnten Satz auch die Vereinigungsmenge

$$\mathbb{R} = \mathbb{A} \cup \mathbb{T}$$

sein. Wir wissen aber, daß $\mathbb{R}$ *nicht* abzählbar ist. Also ist auch die Menge $\mathbb{T}$ der reellen transzendenten Zahlen nicht abzählbar. Das heißt (ins »Unreine« gesprochen): Es gibt »viel mehr« transzendente als algebraische Zahlen in $\mathbb{R}$.

Als CANTOR den Beweis erbrachte, daß $\mathbb{A}$ abzählbar ist, $\mathbb{R}$ aber nicht[9], wußte man nur wenig über transzendente Zahlen. Sein Satz über die Mächtigkeiten war deshalb eine wichtige neue Erkenntnis. Einige Jahre später wurde dann durch HADAMARD gezeigt, daß die Zahl e (die Basis der natürlichen Logarithmen) transzendent ist, und 1884 gelang LINDEMANN der wichtige Beweis, daß die bei der Kreisberechnung auftretende Zahl π ebenfalls transzendent ist.

3. Das Kontinuum

Man kann leicht zeigen, daß die Menge der Punkte einer vollen Geraden zur Menge der Punkte einer Strecke äquivalent ist. Aber auch die Menge der Punkte eines Kreises, einer Ellipse, einer Parabel oder eines Kreis-, Ellipsen- oder Parabelbogens haben diese Eigenschaft. Entsprechend ist die Menge $\mathbb{R}$ aller reellen Zahlen äquivalent zur Menge der reellen Zahlen zwischen 0 und 1. Wir müssen uns versagen, an dieser Stelle die (einfachen) Beweise für diese Behauptungen zu erbringen[10].

Man sagt, daß die hier genannten Mengen *von der Mächtigkeit des Kontinuums* sind. Wir wollen darauf verzichten, die Definition des Kontinuums durch CANTOR oder durch die modernen Topologen hier zu erörtern[11]. Es mag der Hinweis genügen, daß nach anschaulicher Vorstellung die Menge der Punkte einer Strecke, eines Kreises oder einer Geraden *zusammenhängen*[12]. Man

---

[9] Die Beweise stehen in seiner ersten Veröffentlichung zur Mengenlehre in: Journal für die Reine und Angewandte Mathematik 77, 1874, S. 258–262. Nachgedruckt in [3], S. 115–118.
[10] Siehe z. B. [2] oder [9].
[11] Näheres z. B. in [10].
[12] continuum heißt: das Zusammenhängende.

kann nicht zwischen den Punkten einer Geraden hindurchschlüpfen. Diese Mengen von der Mächtigkeit des Kontinuums bilden eine weitere »Stufe« des Unendlichen. Sie sind ja von höherer Mächtigkeit als die abzählbaren Mengen.

Nach seinen ersten Erfolgen stellte sich CANTOR neue, kühnere Probleme. In seinem Brief an DEDEKIND vom 5. Januar 1874 stellte er die folgende Frage:

> Läßt sich eine Fläche [etwa ein Quadrat mit Einschluß der Begrenzung, M.] auf eine Linie [etwa eine gerade Strecke mit Einschluß der Endpunkte, M.] eindeutig [gemeint: »eineindeutig«, M.] beziehen, so daß zu jedem Puncte der Fläche ein Punct der Linie und umgekehrt zu jedem Puncte der Linie ein Punct der Fläche gehört?
> Mir will es im Augenblick noch scheinen, daß die Beantwortung dieser Fragen – obgleich man auch hier zum Nein sich so gedrängt sieht, daß man den Beweis dazu fast für überflüssig halten möchte – große Schwierigkeiten hat.

Der Beweis, an den CANTOR denkt, ist offenbar eine exakte Begründung für ein Nein als Antwort auf die gestellte Frage. Den Beweis hält er »fast für überflüssig«, und ein Berliner Kollege bestärkt ihn in dieser Ansicht. CANTOR schreibt am 18. Mai 1874 an DEDEKIND:

> ... Wenn Sie gelegentlich mir darauf antworten wollten, so wäre es mir lieb, von Ihnen zu hören, ob Sie an der im Januar Ihnen mitgetheilten Frage hinsichtlich der Zuordnung einer Fläche und einer Linie dieselbe Schwierigkeit finden, wie ich, oder ob ich damit einer Täuschung mich hingegeben habe; in Berlin wurde mir von meinem Freunde, dem ich dieselben Schwierigkeiten vorlegte, die Sache gewissermaßen als absurd erklärt, da es sich von selbst verstünde, daß zwei unabhängige Veränderliche sich nicht auf eine zurückführen lassen.

Erst nach drei Jahren, am 20. Juni 1877, findet sich im Briefwechsel mit DEDEKIND wieder ein Hinweis auf die Fragestellung vom Januar 1874. Diesmal aber bietet CANTOR seinem Freunde einen Beweis für ein Ja! Obgleich er »jahrelang das Gegenteil für richtig gehalten« hatte, lieferte er jetzt seinem Briefpartner den Beweisansatz für die Möglichkeit der fraglichen Abbildung. Im Briefwechsel mit DEDEKIND findet sich dabei der Satz: »Je le vois, mais je ne le crois pas!« Ich sehe es, aber ich glaube es nicht!

In der Tat scheint ja ein solcher Beweis unsere Vorstellung von dem Unterschied der Dimensionen zu zerstören. Trotzdem ist der folgende Satz richtig:

Die Menge der Punkte einer Strecke ist äquivalent zur Menge der Punkte eines Quadrats.

Wir können heute für diesen wichtigen Satz einen wesentlich einfacheren Beweis führen als CANTOR in seinem Brief an DEDEKIND.

Es ist nicht schwer, eine umkehrbar eindeutige Abbildung herzustellen zwischen den Punkten der *halboffenen* Strecke (0,1] und dem *halboffenen* Quadrat, dessen Koordinaten durch

$$0 < x \leqq 1, \quad 0 < y \leqq 1$$

gegeben sind. *Halboffen*: Das will sagen: daß nur ein Teil des Randes dazu gehört. Wir nehmen den Punkt mit der Koordinate 1 auf der Geraden dazu, ebenso die Punkte des Quadrates mit $x = 1$ oder $y = 1$, nicht aber die mit $x = 0$ oder $y = 0$. Auf diese Weise wird der Beweis besonders einfach. Man kann leicht zeigen, daß aus dieser hier zu beweisenden Möglichkeit der Abbildung sich auch die zwischen der offenen Strecke und dem offenen Quadrat oder der abgeschlossenen Strecke und dem abgeschlossenen Quadrat begründen läßt. Aber darauf wollen wir hier nicht mehr eingehen.

Die Punkte der Strecke sind eindeutig charakterisiert durch Dezimalbrüche

$$\xi = 0{,}a_1 a_2 a_3 \ldots,$$

wenn wieder die Verabredung gilt, daß nur unendliche Dezimalbrüche zugelassen werden (Abb. 5). Der Punkt $\xi = 1$ ist z. B.

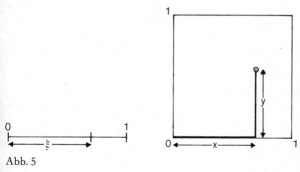

Abb. 5

gegeben durch den Bruch 0,999999.... Entsprechend sind die Punkte des Quadrats durch 2 Koordinaten x und y festgelegt, die wir ebenfalls als Dezimalbrüche 0,... schreiben können.

Wir wollen nun die Darstellung für unseren Beweis ein wenig variieren. Es sei $\xi = 0,b_1b_2b_3\ldots$ ein zu einem Punkt der Strecke gehörender Bruch. Diesmal sollen die b_ν aber nicht Ziffern, sondern *Ziffernblöcke* darstellen. Jede Null oder jede Folge von Nullen wird mit der folgenden von Null verschiedenen Ziffer zu einem »Block« zusammengefaßt. Jede von Null verschiedene Ziffer, der keine Null vorangeht, gilt für sich allein als »Ziffernblock«. Für den Dezimalbruch

0,|3|004|05|6|7|00009|...

hat man z. B. die Ziffernblöcke

$b_1 = 3$, $b_2 = 004$, $b_3 = 05$, $b_4 = 6$ usf.

Jedem durch einen Dezimalbruch $\xi = 0,b_1b_2b_3\ldots$ dargestellten Punkt der Strecke wird nun ein Punkt des Quadrats zugeordnet durch die Vorschrift

$x = 0,b_1b_3b_5\ldots,\ y = 0,b_2b_4b_6\ldots$

Umgekehrt gehört zu jedem Quadratpunkt

$x = 0,c_1c_2c_3\ldots,\ y = 0,d_1d_2d_3\ldots$

(mit Ziffernblöcken c_ν, d_μ) ein Punkt der Strecke mit der Koordinate

$0,c_1d_1c_2d_2c_3d_3\ldots$

Diese Zuordnung ist offenbar eineindeutig.

Es sei noch angemerkt, daß die Einführung der Ziffernblöcke an Stelle der gewöhnlichen Dezimalstellen deshalb erforderlich ist, um die Nullen an andere Ziffern zu koppeln. Wenn man das nicht tut, könnte bei der Aufteilung des Dezimalbruchs für ξ in die zwei Brüche für x und y unter Umständen ein endlicher Bruch entstehen, ein Bruch also, der von einer gewissen Stelle an lauter Nullen hat. Der Eineindeutigkeit wegen wollten wir das aber ausschließen.

Wir können nun noch einen Schritt weitergehen und zeigen, daß die Menge der Punkte eines offenen Quadrats äquivalent ist zur Menge aller Punkte einer Ebene. Es sei also ein Quadrat gegeben (Abb. 6), dazu eine Pyramide, deren Grundfläche zu dem vorgegebenen Quadrat kongruent ist und deren Spitze senkrecht

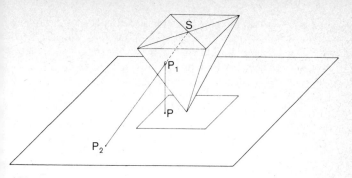

Abb. 6

über dem Diagonalenschnittpunkt der Grundfläche liegt. Wir stellen diese Pyramide so auf das Quadrat, daß ihre Spitze in den Mittelpunkt des gegebenen Quadrats fällt. Dann können wir eine ähnliche Abbildung vornehmen wie vorhin bei der Zuordnung der Strecke zur Geraden. Diesmal projizieren wir die Punkte des Quadrats senkrecht auf den Mantel der Pyramide, dann durch eine Zentralprojektion mit dem Zentrum im Mittelpunkt der Pyramidengrundfläche auf die Ebene. Durch die Zusammensetzung der beiden Abbildungen entsteht offenbar eine eineindeutige Abbildung des offenen Quadrats auf die ganze Ebene.

Dies ist unser Ergebnis: *Die Mengen der Punkte auf einer Strecke, auf einer Geraden, in einem Quadrat, in der ganzen Ebene, sie alle sind (paarweise) äquivalent im Sinne* CANTORS. *Sie haben die Mächtigkeit des Kontinuums*. Man kann diese Überlegungen offenbar leicht so variieren, daß die Strecke auf einen Würfel oder gar auf den ganzen dreidimensionalen Raum erfolgt. Alle diese Mengen können also eineindeutig aufeinander bezogen werden. CANTOR hatte Schwierigkeiten, dieses Ergebnis in einer wissenschaftlichen Fachzeitschrift unterzubringen. Seine Ergebnisse erschienen »unglaublich«.

Die Äquivalenz zwischen diesen verschiedenen Mengen erschien den Zeitgenossen deshalb »paradox«, weil hier anscheinend der Begriff der Dimension zerstört wird. CANTOR stellte ja eine eineindeutige Abbildung zwischen Gebilden verschiedener Dimension her.

CANTORS Freund Richard DEDEKIND hatte aber bemerkt, wie trotz dieses Ergebnisses der Dimensionsbegriff »gerettet« werden kann: Es gibt zwar eine eineindeutige Abbildung der Strecke auf das Quadrat, aber diese Abbildung ist *nicht stetig*. L. E. J. BROUWER hat (erst 1911) bewiesen[13], daß eine stetige und eineindeutige Abbildung zwischen einer Strecke und einem Quadrat *nicht* möglich ist.

Wir müssen uns an dieser Stelle darauf beschränken, den CANTORschen Satz und weitere Folgerungen zu erwähnen. Wegen der Beweise verweisen wir auf die Literatur.

Es gibt aber andere, wesentlich komplizierter konstruierte Mengen von der Mächtigkeit des Kontinuums. Wir wollen als ein interessantes Beispiel den »SIERPINSKI-Teppich« erwähnen.

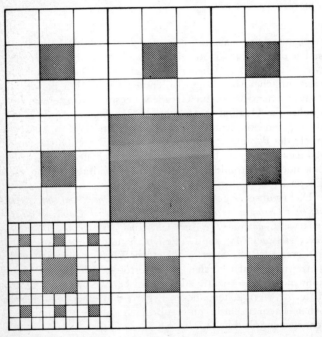

Abb. 7

Wir gehen aus von einem (abgeschlossenen) Quadrat von der Seitenlänge 1, also etwa von der Punktmenge mit den Koordinaten $0 \leq x \leq 1$, $0 \leq y \leq 1$. Dieses Quadrat wird durch Drittelung der Seiten in 9 kongruente Teilquadrate zerlegt. Das mitt-

[13] Mathematische Annalen 70, 1911, S. 161–165.

lere offene Quadrat, also die Menge der Punkte mit den Koordinaten $\frac{1}{3} < x < \frac{2}{3}$, $\frac{1}{3} < y < \frac{2}{3}$, wird entfernt. Es ist in der Abb. 7 schraffiert.

Die übrigen 8 Quadrate werden ebenfalls in je 9 Teilquadrate zerlegt und jedesmal wird das »Mittelstück« weggenommen. Die übrigbleibende Punktmenge wollen wir mit C_1 bezeichnen. Aus jedem der Quadrate von C_1 wird wieder das Mittelstück entfernt. Auf diese Weise verbleibt eine Punktmenge C_2. C_2 ist natürlich eine Teilmenge von C_1. Die Fortsetzung dieses Verfahrens ad infinitum führt zu einer Restmenge C, die von der Mächtigkeit des Kontinuums ist[14].

Fassen wir das Ergebnis unserer bisherigen Überlegungen zusammen: Wir haben zwei »Stufen« des Unendlichen zu unterscheiden gelernt: Die abzählbaren Mengen und die von der Mächtigkeit des Kontinuums. Es ist zu fragen, ob es noch weitere unendliche Mengen gibt, die nicht zu den bisher untersuchten Mächtigkeiten gehören.

Das ist in der Tat der Fall. Um das zu erkennen, wollen wir zunächst eine wichtige Eigenschaft *endlicher* Mengen herausstellen. Es geht um die *Anzahl der Teilmengen*, die eine vorgegebene Menge M hat.

Zunächst wollen wir den Begriff der *Teilmenge* erklären: Eine Menge A heißt *Teilmenge* der Menge B, im Zeichen:

(5) $A \subset B$,

wenn jedes Element von A auch Element von B ist.

Betrachten wir als Beispiel die Menge B mit den Elementen a, b, c:

$B = \{a, b, c\}.$

Die Tatsache, daß z. B. a Element der Menge B ist, drückt man im Symbol so aus:

$a \in B.$

Dieses Zeichen $\in$ für »Enthaltensein als Element« ist wohl zu unterscheiden von dem in (5) eingeführten Zeichen für das Enthaltensein als Teilmenge. Es gilt z. B. für

$A = \{a, b\},\ B = \{a, b, c\}:$
$b \in A,\ b \in B,\ c \in B,\ A \subset B,$

---

[14] Dieses von SIERPINSKI stammende Verfahren stellt eine Verallgemeinerung einer von CANTOR stammenden Überlegung für eine Dimension dar. Vgl. dazu [2] oder [10], S. 46 ff.

aber *nicht*:

$A \in B$ oder $a \subset A$.

Nach unserer Erklärung gilt $B \subset B$ für jede Menge B. Wir müssen weiter anmerken, daß die moderne Mengenlehre mit dem Begriff der *leeren Menge* arbeitet: *Die leere Menge $\emptyset$ ist die Menge, die keine Elemente hat.* Die Einführung dieses Begriffes ist u. a. deshalb zweckmäßig, weil man gelegentlich Mengen erklärt, von denen man anfangs nicht weiß, ob sie Elemente haben. Etwa: Die Menge M der Sportler, die einen Wettkampf ohne Fehler bestehen. Manchmal ist M die leere Menge: $M = \emptyset$.

Wenn man die Definition der Teilmenge von S. 29 in der Sprache der formalen Logik ausspricht[15], so kann man leicht den folgenden Satz herleiten, den wir hier einfach mitteilen wollen: *Die leere Menge ist Teilmenge von jeder Menge.*

4. Der Teilmengensatz

Nach diesen Vorbereitungen wollen wir fragen, welche Teilmengen die oben erwähnte Menge $B = \{a, b, c\}$ hat. Schreiben wir sie einfach alle auf[16]:

$\emptyset, \{a\}, \{b\}, \{c\}, \{a, b\}, \{a, c\}, \{b, c\}, \{a, b, c\}$.

Dabei haben wir aus den erwähnten Gründen die leere Menge $\emptyset$ und die Menge B selbst mitgezählt: Wir kommen so auf 8 Teilmengen.

Man kann leicht beweisen[17]: *Eine Menge von n Elementen hat 2^n Teilmengen*. Die Menge $\mathfrak{P}(M)$ aller Teilmengen einer gegebenen Menge M heißt ihre *Potenzmenge*. Für $M = \{1, 2\}$ (die Menge mit den Elementen 1 und 2) ist z. B.

$\mathfrak{P}(M) = \{\emptyset, \{1\}, \{2\}, \{1, 2\}\}$.

Sie hat (s. o.!) $2^2 = 4$ Elemente.

Da endliche Mengen offenbar genau dann äquivalent sind, wenn sie gleichviel Elemente haben, kann man die Anzahl der Elemente in diesem Fall einfach als die *Mächtigkeit der Menge*[18]

---

[15] Vgl. z. B. [8], S. 30.

[16] $\{a\}$ ist die *Menge*, deren einziges Element a ist.

[17] Durch vollständige Induktion. Siehe etwa [8], S. 33.

[18] Man beachte, daß wir für unendliche Mengen erklärt haben, wann zwei Mengen von *gleicher Mächtigkeit* sind, oder auch wann B von *kleinerer Mächtigkeit* ist als A. Der Begriff der *Mächtigkeit* selbst ist aber vorläufig noch nicht definiert. Vgl. dazu Kap. VIII.

bezeichnen. Unseren Satz über die Anzahl der Teilmengen können wir dann auch so formulieren:

Hat die endliche Menge M die Mächtigkeit n, so hat $\mathfrak{P}(M)$ die Mächtigkeit 2^n.

Für alle natürlichen Zahlen ist nun $2^n > n$. Das heißt: $\mathfrak{P}(M)$ ist (für endliche Mengen) von *höherer Mächtigkeit* als M selbst.

Es liegt die Frage nahe, ob das auch für unendliche Mengen gilt. Das ist in der Tat der Fall, wie es zuerst Georg CANTOR selbst bewiesen hat. Dies ist sein berühmter »Teilmengensatz«:

Für jede Menge M ist die Potenzmenge $\mathfrak{P}(M)$ von höherer Mächtigkeit als die Menge selbst.

Das heißt ausführlicher: Es gibt eine eineindeutige Abbildung zwischen M und einer *Teilmenge* von $\mathfrak{P}(M)$, *nicht aber zwischen M und $\mathfrak{P}(M)$ selbst*. Es ist leicht, eine Teilmenge von $\mathfrak{P}(M)$ anzugeben, die zu M selbst äquivalent ist. Zu den Teilmengen gehören auch solche Mengen, die genau ein Element enthalten. Wenn man nun jedem Element $m \in M$ die Menge $\{m\}$ zuordnet:

$m \leftrightarrow \{m\}$,

dann hat man schon die gewünschte Abbildung.

Wir haben aber nun zu zeigen, daß es nicht etwa auch zwischen M und $\mathfrak{P}(M)$ eine solche eineindeutige Zuordnung geben kann.

Wir nehmen an, daß es eine solche Zuordnung gäbe und werden daraus einen Widerspruch herleiten. Bezeichnen wir die Teilmengen von M, also die Elemente von $\mathfrak{P}(M)$, mit t. Wenn M und $\mathfrak{P}(M)$ äquivalent wären, müßte es eine Abbildung

$m \leftrightarrow t$

geben, die jedem Element $m \in M$ eineindeutig ein Element $t \in \mathfrak{P}(M)$ zuordnet. Wir können dann die Tatsache, daß t bei dieser Abbildung zu $m \in M$ gehört, durch einen Index ausdrücken:

(6) $m \leftrightarrow t_m$.

Es kann sein, daß dabei m einer Teilmenge zugeordnet ist, die m als Element enthält: $m \in t_m$. Das ist z. B. der Fall, wenn man bei der Menge $M = \{1, 2, 3\}$ die Zuordnung $2 \leftrightarrow \{2, 3\}$ hat.

Wir wollen solche Elemente, für die $m \in t_m$ gilt, *regulär* nennen. Dann gibt es sicher solche Elemente, die *nicht* regulär sind. Das sieht man so ein: Es seien a und b reguläre Elemente von M. Wir können annehmen:

(7) $a \leftrightarrow t_a = \{a\}, \quad b \leftrightarrow t_b = \{b\}.$

Wäre nämlich $\{a\}$ oder $\{b\}$ einem Element c ($c \neq a$, $c \neq b$) zugeordnet, so hätten wir schon in c ein nichtreguläres Element. Wenn (7) gilt, muß aber

$$\{a, b\} \leftrightarrow d$$

gelten mit $d \neq a$, $d \neq b$, und d ist dann nicht regulär.

Die *Menge aller nichtregulären Elemente aus M* ist demnach eine nicht leere Teilmenge von M. Auch sie muß (als Teilmenge von M) einem Element $x \in M$ zugeordnet sein; wir bezeichnen sie deshalb mit $\mathfrak{N}_x$ und haben die Zuordnung:

$x \leftrightarrow \mathfrak{N}_x.$

Wir fragen nun: *Ist x ein reguläres Element?*

Dann müßte x ja in der zugeordneten Menge enthalten sein. $\mathfrak{N}_x$ sollte aber die Menge aller *nichtregulären* Elemente sein. Also müssen wir annehmen, daß x *nicht regulär* ist. Dann muß x aber *doch* zu $\mathfrak{N}_x$, der Menge *aller* nichtregulären Elemente, gehören. Aus $x \in \mathfrak{N}_x$ folgt aber wieder, daß x regulär ist. Aus diesem unauflöslichen Widerspruch folgt, daß unsere Annahme falsch war: *Es kann keine eineindeutige Abbildung* (6) *zwischen M und $\mathfrak{P}(M)$ geben*.

Das bedeutet aber, daß es zu jeder Menge eine Menge von höherer Mächtigkeit gibt, nämlich die Potenzmenge von M.

5. Beispiele

Als erstes Beispiel wollen wir die Potenzmenge der Menge der natürlichen Zahlen untersuchen. Dazu ist es zweckmäßig, die Darstellung von (natürlichen und reellen) Zahlen im *Dualsystem* heranzuziehen.

Wir schreiben normalerweise unsere Zahlen im Zehner-System. Aber für die modernen Rechenautomaten benutzt man meist die Darstellung der Zahlen durch Potenzen von 2.

Man kann leicht zeigen[19], daß man jede natürliche Zahl als

---

[19] Näheres über Dualzahlen findet man in [13] oder [14].

Summe von Zweierpotenzen schreiben kann. Wir begnügen uns damit, zwei Beispiele anzugeben. Es ist[20]

$$37 = 32 + 4 + 1$$
$$= 1 \cdot 2^5 + 0 \cdot 2^4 + 0 \cdot 2^3 + 1 \cdot 2^2 + 0 \cdot 2^1 + 1 \cdot 2^0,$$
$$100 = 1 \cdot 2^6 + 1 \cdot 2^5 + 0 \cdot 2^4 + 0 \cdot 2^3 + 1 \cdot 2^2 + 0 \cdot 2^1 + 0 \cdot 2^0$$

Die Faktoren der Zweierpotenzen sind 0 oder 1. Wir führen sie als »Ziffern« ein und schreiben (zur Unterscheidung von den Ziffern im dekadischen System) o und | für 0 und 1. Dann ist offenbar

$$37 = |oo|o|,$$
$$100 = ||oo|oo.$$

Dieses Verfahren kann man nun auch auf beliebige positive reelle Zahlen anwenden. Man kann zeigen, daß man jede reelle Zahl r so darstellen kann:

$$r = a + \frac{b_1}{2^1} + \frac{b_2}{2^2} + \frac{b_3}{2^3} + \cdots$$

Dabei ist a eine ganze Zahl, und die b_ν sind wieder die Ziffern 0 oder 1 (die man auch hier meist als o und | schreibt). Wir geben ein Beispiel. Um $\frac{2}{3}$ durch einen »Dualbruch« darzustellen, setzen wir

$$\tfrac{2}{3} = \tfrac{1}{2} + \tfrac{1}{6}$$

und zerlegen $\tfrac{1}{6}$ weiter mit Hilfe von Brüchen mit dem Nenner 2^n. Das führt auf

$$\tfrac{2}{3} = \tfrac{1}{2} + \tfrac{0}{4} + \tfrac{1}{8} + \tfrac{1}{24}$$
$$= \tfrac{1}{2} + \tfrac{0}{4} + \tfrac{1}{8} + \tfrac{0}{16} + \tfrac{1}{32} + \tfrac{1}{96}$$
$$= \cdots$$

Diese Ergebnisse legen die Vermutung nahe, daß man $\tfrac{2}{3}$ durch eine unendliche Reihe[21]

(8) $\quad \tfrac{1}{2} + \tfrac{1}{8} + \tfrac{1}{32} + \tfrac{1}{128} + \cdots = \tfrac{1}{2} \cdot \sum_{n=0}^{\infty} \frac{1}{4^n}$

darstellen kann. Nun ist (8) eine geometrische Reihe mit dem allgemeinen Glied $q = \tfrac{1}{4}$ (multipliziert mit dem Faktor $\tfrac{1}{2}$). Für die Summe s dieser Reihe hat man in der Tat

$$s = \frac{1}{2} \cdot \frac{1}{1 - \tfrac{1}{4}} = \frac{2}{3}.$$

---

[20] Man beachte: Für alle natürlichen Zahlen n ist $n^0 = 1$.
[21] Siehe dazu z. B. [13].

Mit den Zeichen o und | sieht deshalb die Dualbruchdarstellung von $\frac{2}{3}$ so aus:

(9) $\frac{2}{3} =$ o; |o|o|o ...

Dabei gilt die Verabredung, daß das Semikolon hinter der Null andeuten soll, daß es hier um eine Dualbruchdarstellung geht.

Notieren wir noch ein Beispiel eines *endlichen* Dualbruchs: Es ist

$$|o|; ||o| = 1 \cdot 2^2 + 0 \cdot 2^1 + 1 \cdot 2^0 + \tfrac{1}{2} + \tfrac{1}{4} + \tfrac{0}{8} + \tfrac{1}{16}$$
$$= 5 + \tfrac{1}{2} + \tfrac{1}{4} + \tfrac{1}{16} = 5 + \tfrac{13}{16} = \tfrac{93}{16}.$$

Nach diesen Vorbereitungen können wir eine Abbildung der Teilmengen von $\mathbb{N}$ in die Menge der reellen Zahlen vornehmen. Das geschieht so: Wir bezeichnen die Teilmenge T von $\mathbb{N}$, indem wir unter der Nummer n in der Darstellung (10) ein Kreuz machen, wenn n zur Teilmenge gehören soll. Für die Menge G der *geraden* Zahlen haben wir auf diese Weise die Darstellung

(10) G: | 1 | 2 | 3 | 4 | 5 | 6 | 7 | 8 | 9 | 10 | ...
| | × | | × | | × | | × | | × |

Wir können jetzt der Teilmenge G eine reelle Zahl zuordnen nach der folgenden Vorschrift: r ist ein Dualbruch $0; b_1 b_2 b_3 \ldots$, und für b_n ist eine | zu setzen für die Nummern n, die in der Darstellung (10) ein Kreuz aufweisen. Für die übrigen Ziffern setzen wir die Ziffer o. Auf diese Weise wird der Menge G der geraden Zahlen die reelle Zahl o; o|o|o|o|o| ... zugeordnet[22]. Liefert uns eine Teilmenge T die Darstellung

(11) T: | 1 | 2 | 3 | 4 | 5 | 6 | 7 | 8 | 9 | 10 | ...
| | × | × | | × | | | × | × | |

so ordnet man ihr eine reelle Zahl ϱ zu, deren Dualbruchdarstellung so anfängt:

$\varrho =$ o; o||o|oo||o ...

Natürlich kann man auch umgekehrt den Dualbrüchen $0; b_1 b_2 b_3 ..$ Teilmengen von $\mathbb{N}$ zuordnen. Zu dem endlichen Dualbruch o; |oo| gehört z. B. die Teilmenge $A = \{1, 4\}$, zu o; |oo|oo|oo|oo .. gehört die Menge B der natürlichen Zahlen, die bei der Division durch 3 den Rest 1 ergeben:

$B = \{1, 4, 7, 10, \ldots\}$,

usf.

---

[22] Es ist die Zahl $\tfrac{1}{4} + \tfrac{1}{16} + \tfrac{1}{64} + \ldots = \tfrac{1}{3}$.

Die Zuordnung zwischen den Teilmengen von $\mathbb{N}$ und den reellen Zahlen zwischen 0 und 1 ist allerdings *nicht eineindeutig*. Man kann ja z. B. die Zahl $\frac{1}{2}$ so darstellen:

$$\tfrac{1}{2} = \text{o};\text{o}|||||\ldots = \tfrac{1}{4} + \tfrac{1}{8} + \tfrac{1}{16} + \tfrac{1}{32} + \ldots$$

Zu o;| gehört die Teilmenge $\{1\}$, zu o;o|||||... aber die Menge

$$\{2, 3, 4, 5, \ldots\}.$$

Um diese Schwierigkeit auszuschalten, kann man verabreden, daß man alle reellen Zahlen mit Hilfe von *unendlichen* Dualbrüchen schreibt. $\frac{1}{4}$ wird also z. B. nicht durch o;o|, sondern durch o;oo|||||... dargestellt. Dann folgt aus unseren Überlegungen:

Die Menge R_1 der reellen Zahlen, die den Ungleichungen $0 < x \leq 1$ genügen, ist äquivalent zur Menge U der unendlichen Teilmengen von $\mathbb{N}$.

Nun gibt es aber nur *abzählbar viele* endliche Teilmengen von $\mathbb{N}$ (so wie es auch nur abzählbar viele echte Brüche mit dem Nenner 2^n gibt). E sei die Menge der endlichen Teilmengen von $\mathbb{N}$. Dann ist

$$\mathfrak{P}(\mathbb{N}) = U \cup E.$$

Man kann nun leicht zeigen[23], daß U von der gleichen Mächtigkeit ist wie $U \cup E$. Damit ist gezeigt, daß $\mathfrak{P}(\mathbb{N})$ von der Mächtigkeit des Kontinuums ist, da ja U zur Menge $\mathbb{R}_1 = \{x \mid x \in \mathbb{R} \land 0 < x \leq 1\}$ äquivalent ist. Auf diese Weise ist übrigens ein zweites Mal bewiesen (mit Hilfe des allgemeinen Teilmengensatzes), daß die Menge $\mathbb{R}_1$ *nicht abzählbar* ist.

Die Bildung der Potenzmenge von $\mathbb{N}$ führt uns also auf eine bereits bekannte Mächtigkeit. Aber man kann ja nun weitergehen und die Potenzmenge von $\mathbb{R}$ bilden. Kann man sich über die Menge der Teilmengen aller reellen Zahlen eine anschauliche Vorstellung verschaffen? Man sieht leicht ein:

Die Potenzmenge $\mathfrak{P}(\mathbb{R})$ ist äquivalent zur Menge aller reellen Funktionen, die die Werte 0 und 1 annehmen.

---

[23] Siehe z. B. [10].

Ein Beispiel für eine solche Funktion ist z. B. die durch folgende Vorschrift beschriebene Abbildung:

$$f: \quad x \to f(x) = \begin{cases} 0 \text{ für } x < 0, \\ 1 \text{ für } x \geqq 0. \end{cases}$$

Abb. 8 zeigt eine Graphik dieser Funktion.

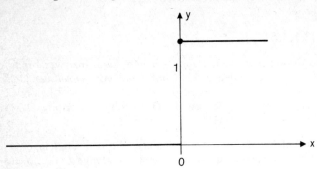

Abb. 8

Eine andere Funktion der genannten Art ist z. B.

$$g: \quad x \to g(x) = \begin{cases} 0 \text{ für rationale Zahlen } x, \\ 1 \text{ für irrationale Zahlen } x. \end{cases}$$

Die Funktion f hat nur an der Stelle $x = 0$ eine »Sprungstelle«; g ist für *alle* x unstetig. Es gibt natürlich noch »viel mehr« Funktionen dieser Art. Aber alle haben dies gemeinsam: Es gibt eine gewisse Teilmenge $T \subset \mathbb{R}$, für die die Funktion den Bildwert 0 hat; für die »Komplementärmenge«[24] $\mathbb{R} \setminus T$ ist der Bildwert dann natürlich 1.

Umgekehrt: Es sei irgendeine Teilmenge T von $\mathbb{R}$ gegeben. Dann kann man eine Funktion h erklären durch folgendes Gesetz:

$$h: \quad x \to h(x) = \begin{cases} 0 \text{ für } x \in T, \\ 1 \text{ für } x \notin T. \end{cases}$$

Damit haben wir tatsächlich eine eineindeutige Zuordnung zwischen den Teilmengen von $\mathbb{R}$ und der oben genannten Funktionenmenge hergestellt.

[24] $B^* := A \setminus B$ ist die Menge der Elemente von A, die *nicht* zu B gehören. B^* heißt das *Komplement* von B (in bezug auf A).

Man kann übrigens weiter zeigen, daß $\mathfrak{P}(\mathbb{R})$ äquivalent ist zur Menge *aller reellwertigen* Funktionen (für die also die Bildwerte beliebige reelle Zahlen sein können).

Beschreibt man diese Menge von Funktionen durch $\mathfrak{F}$, so kann man in $\mathfrak{P}(\mathfrak{F})$ wieder eine Menge von höherer Mächtigkeit gewinnen, usf.

Die CANTORsche Begriffsbildung führt zwar zu dem Ergebnis, daß viele verschiedenartige unendliche Mengen als »von gleicher Mächtigkeit« gelten, doch lassen sich, wie CANTOR zeigte, »Stufen« des Unendlichen exakt definieren. Bei der Feier seines 70. Geburtstages (es war im Kriegsjahr 1915) hat man ihn mit der Bemerkung gefeiert, er habe der Mathematik »eine neue Provinz erobert«. CANTOR hat der mathematischen Forschung den Bereich des Transfiniten erschlossen. Er selbst hat seine Theorie ausgebaut zu einer »Arithmetik transfiniter Zahlen« mit eigenen Gesetzlichkeiten. Es ist verständlich, daß sein mutiges Unternehmen nicht überall Zustimmung fand. Wir wollen im folgenden verständlich berichten, welche Bedenken gegen CANTORS Höhenflug in das Unendliche angemeldet wurden.

III. Die Antinomien

1. Das Problem der Definitionen

In seinen ersten Arbeiten spricht CANTOR von »Mannigfaltigkeiten«, von »Mengen« oder auch vom »Inbegriff« (aller positiven ganzzahligen Individuen). Er entnimmt diese Begriffe der Umgangssprache und verzichtet auf eine explizite Definition des Grundbegriffs »Menge«. Erst in seiner großen zusammenfassenden Arbeit vom Jahre 1895 ([3], S. 282) findet sich dann die später oft zitierte Definition:

> Unter einer »Menge« verstehen wir jede Zusammenfassung M von bestimmten wohlunterschiedenen Objekten unserer Anschauung oder unseres Denkens (welche die »Elemente« von M genannt werden) zu einem Ganzen.
> Im Zeichen drücken wir dies so aus:
> $M = \{m\}$.

CANTOR beschränkt sich also keineswegs auf »mathematische« Objekte (Mengen von Punkten, von Zahlen, von Quadraten usw.). Er läßt ausdrücklich beliebige Objekte unserer *Anschauung oder unseres Denkens* zu. Man kann danach nicht nur Mengen von Bäumen oder von Steinen betrachten, sondern auch z. B. Mengen, deren Elemente philosophische Begriffe sind. Wir wollen bereits jetzt anmerken, daß die moderne Mathematik (die ja auf den Leistungen CANTORS aufbaut) aus guten Gründen (von denen noch die Rede sein wird) an dieser Definition Kritik geübt hat. Sie wird heute in der Fachliteratur nur noch ihrer historischen Bedeutung wegen zitiert[1]. Wir wollen aber diese Einwände noch zurückstellen und zunächst nach den weiteren grundlegenden Definitionen der Mengenlehre fragen.

Um CANTOR gerecht zu werden, müssen wir an dieser Stelle betonen, daß die moderne Mathematik dem Begründer der Mengenlehre eine große Anzahl wichtiger Begriffsbildungen verdankt, die sich als äußerst zweckmäßig erwiesen haben. Wir nennen nur den für den Ausbau der Mengenlehre so wichtigen

---

[1] Leider wird sie heute gelegentlich in sich modern gebenden Schulbüchern ohne kritische Anmerkungen zitiert.

Begriff der »wohlgeordneten« Menge[2]. Aber auch heute allgemein übliche Begriffsbildungen der Analysis und der Theorie der Punktmengen gehen auf CANTOR zurück[3]. Das Prägen der für eine Theorie wesentlichen Begriffe erweist sich tatsächlich als nicht minder wichtig als das Durchführen von Beweisen.

Aber es ist manchmal schwierig, in mathematischem Neuland so zu definieren, daß die neuen Begriffsbildungen der Kritik der Kollegen standhalten. Das mußte auch CANTOR erfahren, als er versuchte, »transfinite« Zahlen einzuführen. Man kann ja die Mächtigkeit einer endlichen Menge einfach durch die Anzahl ihrer Elemente beschreiben: Irgendzwei Mengen mit 5 Elementen z. B. sind äquivalent. Man kann also die natürliche Zahl 5 als die »Mächtigkeit« der Menge der Finger einer Hand bezeichnen.

CANTOR wollte sich nicht damit begnügen, von unendlichen Mengen »von gleicher Mächtigkeit« zu sprechen. Er wollte auch die Mächtigkeit selbst definieren und sie als eine neue Art von »Zahl« einführen.

In einem Brief an seinen Freund DEDEKIND (aus dem Jahre 1899) hat CANTOR den Begriff *Mächtigkeit* so erklärt:

> Liegt eine Menge M vor, so nenne ich den Allgemeinbegriff, welcher ihr und noch allen ihr äquivalenten Mengen zukommt, ihre Kardinalzahl oder auch ihre Mächtigkeit.

Spätere Autoren haben diese Definition so vereinfacht:

> Eine Klasse äquivalenter Mengen (in einem vorgegebenen Mengensystem) heißt eine Kardinalzahl.

Die Beschränkung auf ein »vorgegebenes Mengensystem« hat Gründe, die wir später erörtern werden. Halten wir fest: CANTOR hat den Zahlbegriff erweitert durch Einführung von »Kardinalzahlen«, die auch für unendliche Mengen erklärt sind. Er hat für diese neuartigen Zahlen hebräische Buchstaben benutzt: $\aleph_0$ (Aleph null) ist die Kardinalzahl der Menge der natürlichen Zahlen (also die Menge aller Mengen, die zu $\mathbb{N}$ äquivalent sind), $\aleph$ die Kardinalzahl des Kontinuums.

Für diese neuen Zahlen kann man eine »Arithmetik« erklären: Man kann sie z. B. *addieren*. Es seien $\mathfrak{a}$ und $\mathfrak{b}$ irgendwelche (endliche oder unendliche) Kardinalzahlen. A und B seien Mengen,

---

[2] Eine geordnete Menge heißt *wohlgeordnet*, wenn jeder nicht leere Teil ein erstes Element hat. Näheres z. B. in [8].

[3] Vgl. dazu [10], S. 42 ff.

die zu diesen Kardinalzahlen gehören. Man schreibt dann[4]

$|A| = \mathfrak{a}, |B| = \mathfrak{b}$,

A und B seien disjunkt[5]. Dann heißt die Kardinalzahl der Vereinigungsmenge $C = A \cup B$ die *Summe* von A und B:

(1) $|A| + |B| = \mathfrak{a} + \mathfrak{b} = |A \cup B|$.

Hat A die Elemente $\{a, b, c\}$ und B die Elemente $\{d, e\}$, so ist

$|\{a, b, c\}| = 3, |\{d, e\}| = 2$,

und für die Kardinalzahlen gilt:

(2) $3 + 2 = |\{a, b, c, d, e\}| = 5$.

Die Addition endlicher Kardinalzahlen ist also die uns vertraute »gewöhnliche« Rechenoperation, die die Kinder schon in der Grundschule kennenlernen. Wir gehen darauf ausführlicher in Kap. VII ein.

Für unendliche Mengen kommt man auf arithmetische Formeln, die sich wesentlich von denen für endliche Mengen unterscheiden. So ist z. B.

$\aleph_0 + \aleph_0 = \aleph_0$,

denn die Vereinigungsmenge von zwei abzählbaren Mengen ist wieder abzählbar. Weiter gilt z. B. (wie man leicht nachweisen kann):

$\aleph + \aleph_0 = \aleph + \aleph = \aleph$.

CANTOR hat für seine »transfiniten« Zahlen auch eine Multiplikation eingeführt und die Potenzierung definiert. Nicht alle Mathematiker seiner Zeit waren aber bereit, ihm beim Ausbau seiner Mengenlehre bis zu einer Arithmetik neuer, transfiniter Zahlen zu folgen. Besonders sein Berliner Lehrer Leopold KRONECKER (1821–1891) lehnte die CANTORschen Theorien ab. Er hatte schon Bedenken gegen die (sonst allgemein anerkannte) Fundierung der Analysis durch seinen Kollegen WEIERSTRASS (1815 bis 1897).

Georg CANTOR hat unter dem Widerstand seiner Kollegen sehr gelitten. Er blieb bis ans Ende seiner Tage Professor in

---

[4] In der älteren Literatur findet man auch die noch auf CANTOR zurückgehende Schreibweise: $\overline{\overline{A}} = \mathfrak{a}, \overline{\overline{B}} = \mathfrak{b}$.

[5] Zwei Mengen heißen *elementefremd* oder *disjunkt*, wenn sie keine gemeinsamen Elemente haben.

Halle. Der ersehnte Ruf an die Berliner Universität kam nicht, weil vor allem KRONECKER den neuen Ideen seines Schülers gegenüber mißtrauisch war. Er hielt sich an die These:

> Die ganzen Zahlen hat der liebe Gott gemacht. Alles andere ist Menschenwerk.

Zu diesem »Menschenwerk« rechnete er die reellen Zahlen, erst recht aber die CANTORschen transfiniten Zahlen. Es gab einen Briefwechsel zwischen CANTOR und KRONECKER[6], der vorübergehend zu einer Verständigung führte. Aber da KRONECKER in seinem Berliner Seminar CANTOR weiter einen »Verderber der Jugend« nannte, war eine dauernde Befriedung zwischen den Gegnern nicht möglich. CANTOR nannte seinen alten Lehrer »Herrn VON MÉRÉ«. Dieser Spitzname erinnert an einen Chevalier des 18. Jh., der dem französischen Mathematiker PASCAL den Vorwurf gemacht hatte, die Wahrscheinlichkeitsrechnung sei »unrichtig«. Tatsächlich hatte der alte Glücksspieler nur die Fundamente der (damals neuen) Wahrscheinlichkeitsrechnung einfach nicht verstanden. Und genau das warf CANTOR seinem alten Lehrer vor: Er verstehe das »Neue« nicht.

Als Mathematiker kann man die hier auftretenden Probleme nicht einfach durch den Hinweis auf das Generationenproblem abtun. Man muß auf die Fragestellungen eingehen und prüfen, ob CANTORS »neue Provinz« tatsächlich ein gesicherter Boden für exakte mathematische Deduktionen ist oder nicht.

2. Die RUSSELLsche Antinomie

Es gab – trotz der Einwände KRONECKERS – unter den europäischen Mathematikern gegen Ende des 19. Jh. nicht wenige, die CANTORS kühnen Vorstoß in das Unendliche bewunderten und seine Theorie zur Fundierung der Analysis nutzbar machen wollten. Aber die Mathematiker und die Philosophen jener Epoche wurden aufgeschreckt durch die Entdeckung, daß die CANTORsche Theorie in Widersprüche zu führen schien.

Das hing mit der sehr vagen Formulierung des allgemeinen Mengenbegriffs zusammen. Man kann danach nicht nur aus mathematischen Objekten (wie Punkten, Zahlen, Geraden usw.) Mengen bilden. Es ist auch die Definition einer Menge zulässig, die die folgenden Elemente enthält:

---

[6] Veröffentlicht in [10].

Das Doktordiplom CANTORS,
die Zahl 27,
den Begriff Wehmut.

Eine solche Menge ist früher nicht Gegenstand mathematischer Betrachtungen gewesen, aber sie ist trotzdem nicht besonders problematisch. Schließlich hat sie nur drei »wohlbestimmte« Elemente. Aber wenn man alle Zusammenfassungen von »Objekten unserer Anschauung oder unseres Denkens« als Mengen zuläßt, kann man auch die folgenden Mengen bilden:

die Menge aller abstrakten Begriffe,
die Menge aller Mengen,
die Menge aller Mengen, die mehr als 4 Elemente haben.

Bezeichnen wir einmal diese drei Mengen mit $\mathfrak{A}$, $\mathfrak{M}$ und $\mathfrak{M}_4$. Dann gilt doch:

(3) $\mathfrak{A} \in \mathfrak{A}, \mathfrak{M} \in \mathfrak{M}, \mathfrak{M}_4 \in \mathfrak{M}_4$.

Denn jede dieser Mengen enthält sich selbst als Element: Die Menge aller abstrakten Begriffe ist selbst ein abstrakter Begriff, die Menge aller Mengen ist ja auch eine Menge und $\mathfrak{M}_4$ hat gewiß mehr als 4 Elemente. »Normalerweise« enthält sich eine Menge nicht selbst als Element: Die Menge $\mathfrak{G}$ aller geraden Zahlen z. B. ist nicht selbst eine gerade Zahl, und die Menge aller Punkte einer Kurve ist nicht selbst ein Punkt.

Betrachten wir nun einmal die von B. RUSSELL[7] (1872–1970) eingeführte Menge $\mathfrak{R}$:

$\mathfrak{R}$: *Die Menge aller Mengen, die sich nicht selbst als Element enthalten.*

Man könnte sagen: $\mathfrak{R}$ ist die Menge aller »vernünftigen« Mengen. Die Menge $\mathfrak{G}$ der geraden Zahlen, die Menge $\mathbb{R}$ der reellen Zahlen gehört dazu, aber auch die Menge der Punkte einer Strecke usf. Die oben erwähnte Menge $\mathfrak{A}$ (die Menge aller abstrakten Begriffe) ist dagegen kein Element der RUSSELLschen Menge $\mathfrak{R}$. Aber nun fragen wir: *Enthält die Menge $\mathfrak{R}$ sich selbst als Element?*

Nehmen wir an, daß dies der Fall sei: $\mathfrak{R} \in \mathfrak{R}$. Da $\mathfrak{R}$ die Menge aller Mengen ist, die sich *nicht* als Element enthalten, folgt aus unserer Annahme: $\mathfrak{R} \notin \mathfrak{R}$. Das ist ein Widerspruch. Also war die Voraussetzung $\mathfrak{R} \in \mathfrak{R}$ falsch. Wenn wir an dieser Stelle ab-

---

[7] Unabhängig von RUSSELL hat auch E. ZERMELO diese Menge untersucht.

brechen würden, so wäre der gute Ruf der Mathematik gerettet. Wir haben einen indirekten Beweis geführt mit dem Ergebnis: $\mathfrak{R}$ enthält sich nicht als Element. Aber die Mathematiker können nicht so leicht das Denken abschalten. Überlegen wir weiter: $\mathfrak{R} \notin \mathfrak{R}$? Dann gehört doch $\mathfrak{R}$ zu den Mengen, die sich nicht selbst als Element enthalten. $\mathfrak{R}$ sollte doch *die Menge gerade dieser Mengen* sein. Also folgt: $\mathfrak{R} \in \mathfrak{R}$.

Es hilft nichts: Die beiden Aussagen stehen nebeneinander, und eine schließt die andere aus:

$\mathfrak{R} \notin \mathfrak{R}, \mathfrak{R} \in \mathfrak{R}$.

Es gibt zwei scherzhafte Einkleidungen dieser Überlegung, die wir unseren Lesern nicht vorenthalten wollen:

1 Ein Dorfbarbier rasiert einen Mathematiker. Sie sprechen über den Gang des Geschäfts. Der Barbier gibt sich durchaus zufrieden: Ich rasiere alle die Leute im Dorf, die sich nicht selber rasieren.

   Da brachte ihn sein Kunde in Verlegenheit durch die einfache Frage: Rasieren Sie sich selbst? Und er schloß so weiter: Wenn Sie sich selber rasieren, dann können Sie sich nicht selber rasieren, denn Sie sagten doch gerade, daß Sie nur die Leute rasieren, die sich nicht selber rasieren. Und wenn Sie sich nicht selber rasieren: Dann gehören Sie doch gewiß zu den Leuten im Dorf, die sich nicht selber rasieren, und Sie sagten doch gerade, daß Sie alle die Leute rasieren, die sich nicht selber rasieren!

2 In einer Bibliothek befindet sich ein »Katalogsaal«, in dem in großen Bänden[8] die sämtlichen Bücher der Bibliothek registriert sind. Nun sind ja diese Kataloge auch »Bücher«, die man registrieren kann. Ein gewisser Katalogband K kann »sich selber registrieren« (wenn nämlich in diesem Band K auch dieser Band K als Besitz der Bibliothek notiert ist). Es sei nun $\mathfrak{K}$ ein Katalogband, der *alle die Bände registriert*, die sich nicht selber registrieren.

   Und nun fragen wir: *Registriert $\mathfrak{K}$ sich selbst?*

   Der Versuch, diese Frage zu beantworten, führt wieder in ein unauflösliches Gewirr von Widersprüchen.

Die Mathematik galt immer als eine Wissenschaft, in der alles »stimmt«. Widersprüche erschienen ausgeschlossen. Jetzt führte

---

[8] Moderne Bibliotheken benutzen Karteikästen.

der Vorstoß in eine Mathematik des Transfiniten in ein System von Antinomien.

Wir haben hier über die von RUSSELL eingeführte Menge berichtet, durch die um die Jahrhundertwende das Antinomiensystem einer weiten Öffentlichkeit bekannt wurde. CANTOR selbst hatte bereits früher[9] herausgefunden, daß gewisse Mengenbildungen auf Widersprüche führen, so z. B. ist die *Menge aller Mengen* oder auch die *Menge aller Ordnungszahlen* [10] in sich widerspruchsvoll. *Was kann man tun?* RUSSELL hat vorgeschlagen, die Mengenbildung einzuschränken. Gehen wir davon aus, daß es in der Mengenlehre gewisse »Urelemente« gibt, die etwa Punkte oder Zahlen usw. sein können. Dann kann man Mengen aus diesen Urelementen bilden; so sind z. B.

$$A = \{1, 2, 3\}, \ B = \{10, 15\}$$

Mengen von Zahlen. Man kann nun auch Mengen bilden wie

$$M_1 = \{A, B\} = \{\{1, 2, 3\}, \{10, 15\}\},$$
$$M_2 = \{4, A\} = \{4, \{1, 2, 3\}\}.$$

M_1 ist eine Menge von Mengen, deren Elemente wieder »Urelemente« sind. M_2 ist dagegen eine *nicht homogene* Menge: Ihre Elemente sind die *Zahl* 4 und die *Menge* A. Es liegt nahe, den Begriff der homogenen Menge einzuführen und mit RUSSELL festzusetzen: *Inhomogene Mengen sind unzulässig.*

Mit diesem Verbot wird in der Tat die RUSSELLsche Menge $\mathfrak{R}$ ausgeschaltet. Eine Menge, die sich selbst als Element enthält, ist gewiß nicht homogen. Aber Verbote sind im 20. Jh. nicht sehr populär, und in der Mathematik scheinen sie ganz gewiß fehl am Platze zu sein. Sollte man wirklich die Widerspruchsfreiheit der Mathematik nur durch »Verbotsschilder« retten können?

An dieser Stelle hilft die Einsicht weiter, daß in sich widerspruchsvolle Begriffe in *allen* Gebieten der Mathematik »unzulässig« sind[11]. Niemand würde auf den Gedanken kommen, daß mit der Mathematik etwas nicht in Ordnung sei, wenn ein Anfänger etwa in der Elementargeometrie unsinnige Definitionen wagen würde. Nehmen wir z. B. an[12], daß jemand in der euklidischen Geometrie Sätze über das »Spitzeck« beweisen wollte.

---

[9] 1895 in einem Brief an HILBERT, vgl. [10].
[10] Zu diesem Begriff vgl. Kap. VIII.
[11] Darauf hat SCHOENFLIESS hingewiesen. Vgl. dazu [10], S. 147.
[12] Ein weiteres Beispiel findet man in [10], S. 147ff.

Ein Spitzeck: Das ist ein Viereck mit drei rechten und einem spitzen Winkel (Abb. 9).

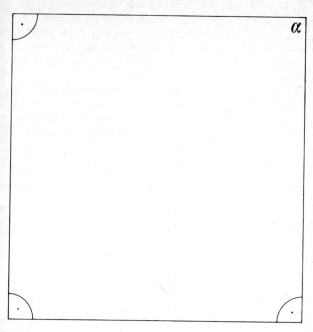

Abb. 9

Dieses Spitzeck spielt in der hyperbolischen Geometrie eine wichtige Rolle[13]. Aber in dieser Geometrie ist ja auch die Winkelsumme *kleiner* als zwei Rechte. Wollte jemand in der guten alten euklidischen Geometrie Sätze über das »Spitzeck« beweisen, so würde er gewiß in Antinomien geraten, weil ja in dieser Geometrie die Winkelsumme im Viereck gleich vier Rechten ist. Hat ein Viereck drei rechte Winkel, so ist notwendig auch der vierte Winkel ein rechter. Ein »Spitzeck« ist also (in dieser Geometrie) ein in sich widerspruchsvoller Begriff. Noch einfacher kann man sagen: Es *gibt* (in der euklidischen Geometrie) *keine Spitzecke*.

Das weiß jeder, der über die Grundgesetze der Geometrie einigermaßen Bescheid weiß. Nur ein Anfänger könnte so

[13] Näheres in den Lehrbüchern der nichteuklidischen Geometrie.

töricht sein, die Definition eines »Spitzecks« in der euklidischen Geometrie hinzunehmen und womöglich noch »Sätze« über dieses Gebilde zu beweisen.

In der Theorie der unendlichen Mengen sind wir aber zunächst alle Anfänger. Und wenn uns da eine Begriffsbildung unterläuft, die sich als in sich widerspruchsvoll erweist, so muß man sie eben als »unsinnig« beiseite tun, so wie etwa ein Spitzeck in der Geometrie.

Aber auch diese Verharmlosung des Problems kann nicht voll befriedigen. Muß man denn immer erst in einen Widerspruch hineinstolpern und dann versuchen herauszufinden, welcher in sich widerspruchsvolle Begriff wohl an diesem Unglück schuld ist? Kann man die Mathematik nicht so aufbauen, daß Widersprüche einfach ausgeschlossen sind? Man hatte bis zur Entdeckung der mengentheoretischen Antinomien geglaubt, daß Widersprüche in der Mathematik nicht möglich sind. Kann man – durch Festlegung der Fundamente, durch Präzision der Deduktionen – erreichen, daß Widersprüche ausgeschlossen, ja, daß die Widerspruchsfreiheit der Mathematik vielleicht sogar *bewiesen* werden kann?

Das sind Fragestellungen, auf die die Diskussion um die Antinomien geführt hat.

Wir werden über den Neuaufbau der allgemeinen Mengenlehre aus einem Axiomensystem zu berichten haben. Bevor wir aber darauf eingehen, wollen wir die Problematik des »Aktual-Unendlichen« behandeln, um das Für und Wider einer Formalisierung besser verstehen zu können.

3. Aktual- oder Potential-Unendlich?

Man findet bei Carl Friedrich GAUSS (1777–1855), dem »Fürsten der Mathematiker«, einen bemerkenswert kritischen Satz über den Umgang mit dem Unendlichen. Er schreibt 1831 in einem Brief an SCHUMACHER:

> So protestiere ich gegen den Gebrauch einer unendlichen Größe als einer vollendeten, welches in der Mathematik niemals erlaubt ist.

GAUSS will also das Unendliche nicht als eine »vollendete« Größe in der Mathematik gelten lassen. Er erhebt keine Einwände gegen die Feststellung, daß es unendlich viele natürliche Zahlen gebe, wenn man damit nur sagen will, daß man mit dem Zählen an keiner Stelle aufhören muß. Mindestens in Gedanken können wir uns vorstellen, daß wir zu jeder schon vorhandenen Zahl eine Einheit hinzufügen und damit die nächste gewinnen können. Aber GAUSS hat etwas dagegen, daß man das Unendliche als eine »aktual« gegebene Größe hinnimmt und etwa einer unendlichen Menge eine Zahl ∞ zuschreibt. Man kann sagen, daß die Folge der natürlichen Zahlen über alle Grenzen wächst, oder auch: »gegen unendlich strebt«, aber man muß sich hüten, mit dem Symbol ∞ wie mit einer richtigen Zahl rechnen zu wollen. Man kann diesen Standpunkt so umschreiben: Das Unendliche ist in der Mathematik nur als das »Potential-Unendliche« zulässig, als die Möglichkeit, immer weiter zu zählen, nicht aber als eine »vollendete« Größe, nicht als ein »Aktual-Unendliches«.

Es gab freilich auch bedeutende Denker, die anders dachten. Einer der bedeutendsten Verfechter des »Aktual-Unendlichen« war LEIBNIZ (1646–1716). Er schreibt dazu:

Ich bin derart für das aktual Unendliche, daß ich – anstatt zuzugeben, daß die Natur es verabscheut, wie man gemeinhin sagt – daß ich annehme, daß sie es überall schätzt, um die Vollkommenheit des Schöpfers besser zu verdeutlichen. So glaube ich, daß es keinen Teil der Materie gibt, der nicht – ich sage nicht: teilbar ist –, sondern tatsächlich geteilt ist.

Auch BOLZANO (1781–1848) denkt so. Er hat den ersten Satz dieses LEIBNIZ-Zitates als Motto auf den Titel seiner ›Paradoxien des Unendlichen‹ gesetzt. In seiner Schrift setzt er sich sogar ausdrücklich das Ziel, »den Schein des Widerspruchs, der an diesen mathematischen Paradoxien haftet, als das was er ist, als bloßen Schein zu erkennen«.

Natürlich ist CANTOR ein leidenschaftlicher Verfechter der Idee des »Aktual-Unendlichen«. Er weist die Einwände gegen die Existenz unendlicher Zahlen als »fehlerhaft« zurück[14], weil

sie von vornherein den in Frage stehenden Zahlen alle Eigenschaften endlicher Zahlen zumuten oder vielmehr aufdringen, während die unendlichen Zahlen doch andererseits, wenn sie überhaupt in irgendeiner Form denkbar sein sollen, durch ihren Gegensatz zu den endlichen Zahlen ein ganz neues Zahlengeschlecht constituieren müssen, dessen Beschaffen-

---

[14] [3], S. 371f.

heit von der Natur der Dinge durchaus abhängig und Gegenstand der Forschung, nicht aber unserer Willkühr oder unserer Vorurteile ist.

Wir wissen nicht, was GAUSS zu CANTORS transfiniten Zahlen gesagt hätte. Immerhin hat David HILBERT (1862–1943), einer der bedeutendsten Forscher unseres Jahrhunderts, CANTORS Mengenlehre ein »Paradies« genannt, aus dem uns niemand mehr vertreiben soll.

In seiner Arbeit ›Über die verschiedenen Standpunkte in bezug auf das aktuelle Unendliche‹ ([3], S. 370–376) spricht CANTOR von der Möglichkeit, das Aktual-Unendliche sowohl *in abstracto* wie *in concreto* zu bejahen oder zu verwerfen. Das sind vier Möglichkeiten der Kombination, und für jede gibt es Verfechter. CANTOR rechnet sich zu denen, die das Unendliche »sowohl *in concreto*, wie auch *in abstracto*« bejahen. Er ist vielleicht »der zeitlich erste, der diesen Standpunkt mit voller Bestimmtheit und all seiner Konsequenz vertritt« ([3], S. 373). Er ist aber sicher, daß er »nicht der letzte sein werde, der ihn verteidigt«.

Das Unendliche *in abstracto*: CANTOR hat sich bei seiner Definition des Mengenbegriffs ausdrücklich ([3], S. 204) auf PLATON bezogen:

> ... ich glaube hiermit etwas zu definieren, was verwandt ist mit dem Platonschen εἶδος oder ἰδέα ...

Damit wird die Existenz der CANTORschen Mengen (»in abstracto«) durch die Platonische Ideenlehre fundiert. Aber CANTOR bekannte sich auch ausdrücklich zu dem Glauben an die Realexistenz der transfiniten Mengen *in concreto*: Er war davon überzeugt, daß unendliche Mengen in der Natur vorkommen. Und zwar hielt er die Menge der Atome im Weltall für abzählbar, und den »Ätheratomen« sprach er die Mächtigkeit des Kontinuums zu[15].

Ätheratome: Dieser Begriff wird den jüngeren Lesern kaum vertraut sein. Im 19. Jh. erklärte man die optischen Erscheinungen mit Hilfe eines schwerelosen »Äthers«, dessen Schwingungen wir als »Lichtwellen« wahrnehmen. Dieser Versuch, elektrische Erscheinungen auf mechanische Prozesse zurückzuführen, ist heute längst aufgegeben. Und selbst die CANTORsche

---

[15] Vgl. CANTORS Brief an G. MITTAG-LEFFLER vom 16. 11. 1884, veröffentlicht in [10], S. 247f.

These von den abzählbar vielen Atomen der Materie findet in der modernen Physik keine Unterstützung.

Es lohnt sich, einmal darüber nachzudenken: CANTOR war ein auch auf dem Gebiet der Naturwissenschaften gebildeter Mann. Schließlich hatte er in seiner Doktorprüfung auch ein Examen in Physik abgelegt. Trotzdem vertritt er im Jahre 1884 Ansichten über die Struktur des Kosmos, über die Studenten unserer Tage lächeln würden. So tiefgreifend haben sich die Ansichten über den Aufbau der Materie und des Weltalls inzwischen gewandelt. Auch seinen Bezug der mathematischen Sätze auf die Platonische Ideenlehre werden ihm heute viele Mathematiker nicht mehr abnehmen. Trotzdem ist der Kern der CANTORschen Theorie (wir werden darüber noch zu berichten haben) heute gesicherter Bestandteil der modernen Mathematik. Geblieben ist von der CANTORschen Lehre *alles, was formalisierbar* ist.

Bevor wir auf die Axiomatisierung der Mengenlehre eingehen, wollen wir dieses Kapitel abschließen durch eine Betrachtung über den gewichtigen Unterschied zwischen *Antinomien und Paradoxien*.

4. Paradoxien und Antinomien

Wir haben mehrfach von *Paradoxien* des Unendlichen, aber auch von den *Antinomien* der Mengenlehre gesprochen. Es erscheint geboten, diese Begriffe klar zu unterscheiden.

Bemerken wir dazu zunächst, daß von Paradoxien nicht nur in der Mathematik die Rede ist. Dichter, Philosophen und Theologen sprechen gern von der Bedeutung des »Paradoxen«. Wir wollen den mathematischen Sprachgebrauch gegenüber dem umgangssprachlichen klar abgrenzen und wollen dazu erst einmal hören, in welchem Sinne Dichter und Theologen vom Paradoxen sprechen.

> Wer den Paradoxien gegenübersteht, setzt sich der Wirklichkeit aus.

Das steht bei DÜRRENMATT in den ›Physikern‹[16]. In seinen ›21 Punkten zu den Physikern‹ bringt er immer neue Äußerungen über die Paradoxien und versichert uns, daß weder die Logiker noch die Physiker noch die Dramatiker sie vermeiden können.

---

[16] F. DÜRRENMATT, Die Physiker. Zürich 1962, S. 81 ff. Punkt 20.

Eine paradoxe Geschichte ist (Punkt 10) »zwar grotesk, aber nicht absurd (sinnwidrig)«.

Immer wieder ist bei KIERKEGAARD vom Paradoxen die Rede. Wir zitieren aus den ›Tagebüchern‹[17]:

> Das Paradoxe ist das eigentliche Pathos des geistigen Lebens, und wie nur große Seelen von Leidenschaft erfaßt werden, so sind nur große Denker dem ausgesetzt, was ich Paradoxe nenne, welche nichts anderes als unausgetragene, große Gedanken sind.

> Die Idee der Philosophie ist die Meditation – die des Christentums das Paradox.

> Das Paradox ist nicht eine Konzession, sondern eine Kategorie, eine ontologische Bestimmung, die das Verhältnis zwischen einem existierenden erkennenden Geist und der ewigen Wahrheit ausdrückt.

Geben wir schließlich noch einem Theologen das Wort, der oft und gern vom »Paradoxen« spricht. Bei Karl BARTH heißt es in der Römerbriefvorlesung[18]:

> Sofern es menschlicherseits zu einem Bejahen und Verstehen Gottes kommt, sofern das seelische Geschehen die Richtung auf Gott, die Bestimmtheit von Gott her empfängt, die Form des Glaubens annimmt, geschieht das Unmögliche, das Wunder, das Paradox.

Bei BARTH steht also *das Paradox* synonym für *das Unmögliche*; für DÜRRENMATT dagegen ist das Paradoxe nur »grotesk«, aber nicht sinnwidrig.

Es erscheint notwendig, innerhalb der Mathematik eine Klärung der Begriffe vorzunehmen. Wir sprechen von der RUSSELLschen *Antinomie*[19], aber von der GALILEIschen *Paradoxie*.

Die *Antinomie* behauptet eine Äquivalenz zwischen einer Aussage A und ihrer Negation non A. Eine Antinomie in diesem Sinne liefern die Aussagen über die RUSSELLsche »Menge aller

---

[17] Hier zitiert nach: Existenz im Glauben. Aus Dokumenten, Briefen und Tagebüchern Sören KIERKEGAARDS übersetzt, ausgewählt und eingeleitet von Liselotte RICHTER. Berlin 1956, Nrn. 134, 212, 402.

[18] K. BARTH, Der Römerbrief. München 1926, S. 96.

[19] Leider ist der Sprachgebrauch auch in der mathematischen Literatur nicht immer eindeutig. So wird gelegentlich auch von der »RUSSELLschen Paradoxie« gesprochen (z. B. im ›Mathematischen Wörterbuch‹ von SCHMIDT-NAAS). Wir meinen: Wer »Paradoxie« und »Antinomie« synonym gebraucht, begibt sich wichtiger Aussagemöglichkeiten.

Mengen, die sich nicht selbst als Element enthalten« oder die Begriffe »Menge aller Grundmengen« von SHEN YUTING[20]. Der Einbau nur einer Antinomie in ein formales System hat eine explosive Wirkung: Man kann mit den Methoden der formalen Logik leicht zeigen, daß jede Aussage B gültig ist, wenn nur eine Antinomie zugelassen wird.

Von solchen bösartigen Antinomien wohl zu unterscheiden sind die *Paradoxien*. Wir nennen eine richtige Aussage paradox, wenn sie dem Anfänger *falsch zu sein scheint*. (Paradoxien sind immer nur für den Anfänger paradox.) Die Aussage, daß ein Satz paradox sei, ist also niemals eine *mathematische, sondern stets eine psychologische Aussage*. Wir stoßen immer dann auf Paradoxien, wenn wir unsere Begriffsbildungen erweitern (von einer Menge M auf eine echt umfassende Menge M^*) und dabei die Feststellung machen müssen, daß die für die Elemente von M gültigen Sätze nicht ohne weiteres für die Elemente von M^* gelten, daß u. U. auch die für die Elemente von M möglichen Begriffsbildungen in der umfassenden Menge ihren Sinn verlieren.

Ein Satz, der nicht nur Anfängern, sondern vielen erfahrenen Mathematikern paradox erscheint, ist der folgende:

> Jede Kugel K vom Radius 1 ist zur Vereinigung zweier getrennter Kugeln K_1 und K_2 vom Radius 1 zerlegungsgleich.

Man nennt zwei Mengen *zerlegungsgleich*, wenn sie in endlich viele paarweise kongruente Teilmengen zerlegt werden können. Der genannte Satz erscheint uns deshalb paradox, weil wir bei diesen Teilmengen unwillkürlich an einfach gebaute Mengen wie Polyeder denken. Es ist einleuchtend, daß mit solchen durch stetige Flächenstücke begrenzten Körpern eine paradoxe Zerlegung der Kugel nicht zu vollziehen ist. Man muß schon auf wesentlich komplizierter aufgebaute Mengen zurückgreifen, um die paradoxe Zerlegung zu gewinnen. Die Existenz dieser (anschaulich nicht vorstellbaren) Mengen folgt aus dem ZERMELOschen Axiom[21].

Für GALILEI war die Zerlegung der Menge $\mathbb{N}$ der natürlichen Zahlen in die Teilmengen $\mathbb{U}$ und $\mathbb{G}$ der ungeraden und geraden natürlichen Zahlen paradox: Es gibt eine eindeutige Zuordnung der natürlichen Zahlen N zu den geraden Zahlen, aber auch zu

---

[20] Vgl. dazu [9], S. 45.

[21] Näheres über diese Paradoxie steht in: MESCHKOWSKI, Ungelöste und unlösbare Probleme der Geometrie. Braunschweig 1960.

den ungeraden Zahlen. Die Menge $\mathbb{N}$ ist also zu zwei echten Teilmengen ($\mathbb{U}$ und $\mathbb{G}$) äquivalent:

$$\mathbb{N} \sim \mathbb{U}, \mathbb{N} \sim \mathbb{G}, \mathbb{N} \sim \mathbb{U} \cup \mathbb{G}, \mathbb{U} \cap \mathbb{G} = \emptyset$$

Für endliche Mengen ist eine solche Zerlegung natürlich nicht möglich, und deshalb kam diese Tatsache GALILEI paradox vor.

Es ist nicht schwer, weitere Paradoxien aus dem Bereich der der Infinitesimalrechnung beizubringen. Hier liefert ja die Ausweitung des Kalküls von den endlichen Summen auf Grenzprozesse die Möglichkeit zu vielen reizvollen Beispielen für paradoxe Aussagen.

Es gibt auch Paradoxien im Bereich der elementaren Schulmathematik. Besonders bedeutsame Paradoxien liefern uns die Aussagen über die Existenz *inkommensurabler Größen*. Die Entdeckung, daß es für die Seite und die Diagonale des Quadrats keine gemeinsamen Maße gibt, war für die PYTHAGOREER ein Veto gegen die unzulässige Verallgemeinerung ihrer These: »Alles ist Zahl«[22].

Allen Paradoxien ist dies gemeinsam: *Sie wehren einer unzulässigen Verallgemeinerung.* Bei Paradoxien der Infinitesimalrechnung geht es um die vorschnelle Übertragung von Sätzen für endliche Summen auf unendliche Reihen (oder andere Grenzprozesse), bei der mengengeometrischen Paradoxie um die Verallgemeinerung vertrauter Sätze über Polyeder und ähnliche Punktmengen, bei der GALILEIschen Paradoxie um die Übertragung von Eigenschaften endlicher Mengen auf unendliche. Wir meinen, daß die Beschäftigung mit Paradoxien, daß die immer neue Begegnung mit dem Veto gegen die unzulässige Verallgemeinerung von hoher Bedeutung für die Bildung des Menschen ist. Heinrich SCHOLZ hat eine bekannte Definition der »Bildung« auf die Möglichkeiten der Mathematik angewandt: »Bildung ist das, was übrigbleibt, wenn man vergessen hat, was man gelernt hat[23].«

Wenn man immer wieder darauf gestoßen wird, daß man nicht ungesichert verallgemeinern darf, ja, daß selbst sehr naheliegende Extrapolationen sich als verfehlt erweisen können, wird man skeptisch sein gegenüber den mancherlei Ideologien unserer Tage. Diese Ideologien leben doch von der ungesicherten Verallgemeinerung von Teilwahrheiten zu einem universalen Gesetz, oder sie halten ihre aus irgendeiner Denkgewohnheit

[22] Vgl. dazu [9], Kap. II.
[23] Über Bildungsfragen vgl. man das dtv-Taschenbuch [12] des Verf.

stammende Grundkonzeption für eine Denknotwendigkeit. Wir behaupten nicht, daß die Beschäftigung mit Mathematik ein Universalmittel sei gegen solche Denkfehler. Aber wir halten es für möglich, daß aus einem guten Mathematikunterricht eine kritische Geisteshaltung ins Leben mitgenommen wird, die sich auch dann noch bewährt, wenn die mathematischen Sätze und ihre Beweise längst im Unterbewußtsein versunken sind.

Halten wir fest: Paradoxien sind heilsam, Antinomien sind »lebensgefährlich«. Eine wissenschaftliche Theorie, die mit Antinomien arbeitet, ist sinnlos. Man kann mit Hilfe von Äquivalenzen $A \sim \text{non } A$ alles und (deshalb) nichts beweisen.

Wenn man also in der Forschung (in welcher Disziplin auch immer) auf »erstaunliche« Ergebnisse stößt, sollte man prüfen, ob diese Ergebnisse nur unseren Denkgewohnheiten widersprechen oder ob sie in sich widerspruchsvoll sind.

Die Mathematiker haben aus gutem Grund das Auftreten der Antinomien in der Mengenlehre sehr ernst genommen. Sie haben versucht, durch eine exakte Formalisierung ihrer Deduktion die Möglichkeit von Widersprüchen auszuschließen.

IV. Die Axiomatisierung der Mengenlehre

1. HILBERTS ›Grundlagen der Geometrie‹

Kurz vor der Diskussion über die Antinomien der Mengenlehre erschien HILBERTS Schrift über die ›Grundlagen der Geometrie‹. Da dieses Werk das Gespräch über die Grundlagenfragen, aber auch die Axiomatisierung der Mengenlehre, stark beeinflußt hat, wollen wir zuerst über HILBERTS Formalismus in den ›Grundlagen‹ berichten.

Die Entdeckung der nichteuklidischen Geometrie[1] durch Johann BOLYAI (1807–1860) und Nikolai LOBATSCHEWSKIJ (1793 bis 1856) hatte zu der Einsicht geführt, daß eine gesicherte Fundierung der Geometrie nur durch ein formalistisches Verfahren möglich ist, das ausdrücklich auf eine »Erklärung« der Grundbegriffe *Punkt*, *Gerade* usw. verzichtet.

HILBERT geht in seiner 1899 erschienenen Schrift [5] aus von gewissen »Dingen«, von »Elementen«, die zu »Mengen« zusammengefaßt werden. Die »Eigenschaften« der Dinge werden durch ein System von Axiomen festgelegt. Aus diesen Axiomen gewinnt er durch logische Deduktionen weitere Aussagen, die »Sätze« seiner Theorie. Er beginnt mit der lapidaren Feststellung:

> Wir denken drei verschiedene Systeme von Dingen: die Dinge des ersten Systems nennen wir Punkte und bezeichnen sie mit $A, B, C, \ldots$; die Dinge des zweiten Systems nennen wir Geraden und bezeichnen sie mit $a, b, c, \ldots$; die Dinge des dritten Systems nennen wir Ebenen und bezeichnen sie mit $\Phi, \Psi, \ldots$; ...
> Wir denken die Punkte, Geraden, Ebenen in gewissen gegenseitigen Beziehungen und bezeichnen diese Beziehungen durch Worte wie »liegen«, »zwischen«, »parallel«, »kongruent«, »stetig«; die genaue und vollständige Beschreibung dieser Beziehungen erfolgt durch die Axiome der Geometrie.

Diese Sätze sagen nichts darüber aus, was die »Dinge« der drei Systeme sind. Wir haben zunächst die Freiheit, uns darunter

---

[1] Die von BOLYAI und LOBATSCHEWSKIJ (unabhängig von einander) begründete Geometrie wird auch »hyperbolische Geometrie« genannt. Sie unterscheidet sich im axiomatischen Aufbau von der euklidischen nur hinsichtlich des Parallelenaxioms. Es sind natürlich auch noch Geometrien mit anderen Abweichungen von der euklidischen denkbar. Deshalb ist die Pluralbildung »nichteuklidische Geometrien« sinnvoll.

vorzustellen, was wir wollen, wenn es nur mit den (bei HILBERT anschließend notierten) Axiomen verträglich ist. Auf diese Weise wird eine »implizite« Definition der Objekte der Geometrie gegeben: die Freiheit, sich beliebige Dinge unter Punkten, Geraden und Ebenen vorzustellen, wird immer weiter eingeschränkt durch Aussagen wie diese[2]:

> Zwei voneinander verschiedene Punkte A, B bestimmen stets eine Gerade a.
> Irgendzwei voneinander verschiedene Punkte einer Geraden bestimmen diese Gerade.

HILBERT hat seinen Standpunkt in einem Brief an FREGE[3] einmal so dargestellt[4]:

> Wenn ich unter meinen Punkten irgendwelche Systeme von Dingen, z. B. das System: Liebe, Gesetz, Schornsteinfeger ... denke und dann nur meine sämtlichen Axiome als Beziehungen zwischen diesen Dingen annehme, so gelten meine Sätze, z. B. der Pythagoras, auch von diesen Dingen. Mit anderen Worten: eine jede Theorie kann stets auf unendlich viele Systeme von Grundelementen angewandt werden.

Natürlich hat HILBERT nicht ernstlich vorgehabt, mit dem System »Liebe, Gesetz, Schornsteinfeger ...«[5] Geometrie zu betreiben. Ihm kam es nur darauf an, auf diese Weise seinem »formalistischen« Standpunkt drastischen Ausdruck zu verleihen.

Es leuchtet ein, daß damit die Frage nach der »Wahrheit« eines mathematischen Satzes neu gestellt ist. Wann dürfen wir einen mathematischen Satz als wahr bezeichnen, wenn wir alle Metaphysik, aber auch den Bezug auf die »reale Außenwelt« vermeiden wollen? Und wodurch sind wir berechtigt, gewisse Sätze als »Axiome« an den Anfang einer mathematischen Theorie zu stellen, wenn wir weder die Platonische Ideenwelt noch die physikalische Erfahrung zur Begründung heranziehen können?

---

[2] Das sind die beiden ersten Axiome der HILBERTschen Theorie.

[3] Gottlob FREGE (1846–1925) ist vor allem durch seine logische Begründung der Arithmetik hervorgetreten.

[4] Dieses und die folgenden Zitate aus dem Briefwechsel zwischen HILBERT und FREGE sind nach der Veröffentlichung von STECK in den Sitzungsberichten der Heidelberger Akademie der Wissenschaften (math.-nat. Kl.), Jahrgang 1941, zitiert.

[5] An anderer Stelle setzt HILBERT für »Punkte, Geraden, Ebenen« das System »Tische, Stühle, Bierseidel«. Das erwähnt O. BLUMENTHAL in seiner Hilbert-Biographie in den ›Gesammelten Abhandlungen‹ HILBERTS (Berlin 1935, Band 3, S. 388–429).

Für HILBERT ist die Widerspruchsfreiheit eines Axiomensystems das entscheidende Kriterium für seine Brauchbarkeit. Daneben werden noch Vollständigkeit und Unabhängigkeit der grundlegenden Sätze einer mathematischen Theorie gefordert[6]. Die Existenz der mathematischen Objekte wird – nach HILBERT – durch die Widerspruchsfreiheit des die Objekte beschreibenden Axiomensystems gesichert. Man tut gut, den folgenden Satz aus den Briefen von HILBERT an FREGE gründlich zu durchdenken:

> Wenn sich die willkürlich gesetzten Axiome nicht einander widersprechen mit sämtlichen Folgen, so sind sie wahr, so existieren die durch die Axiome definierten Dinge. Das ist für mich das Criterium der Wahrheit und der Existenz.

Zum Thema »Existenz« lesen wir in einem Antwortbrief[7] von FREGE:

> Am schroffsten stehen sich wohl unsere Ansichten gegenüber hinsichtlich Ihres Criteriums der Existenz und der Wahrheit. Aber vielleicht verstehe ich Ihre Meinung nicht vollkommen. Um hierüber in's Reine zu kommen, lege ich folgendes Beispiel vor. Nehmen wir an, wir wüßten, daß die Sätze
> 1. A ist ein intelligentes Wesen;
> 2. A ist allgegenwärtig;
> 3. A ist allmächtig
>
> mit ihren sämtlichen Folgen einander nicht widersprächen; könnten wir daraus schließen, daß es ein allmächtiges allgegenwärtiges intelligentes Wesen gäbe? Mir will das nicht einleuchten. Das Prinzip würde etwa so lauten: Wenn die Sätze
> »A hat die Eigenschaft φ«,
> »A hat die Eigenschaft ψ«,
> »A hat die Eigenschaft χ«
> mit sämtlichen Folgen einander nicht (allgemein, was auch A sei) widersprechen, so giebt es einen Gegenstand der diese Eigenschaften φ, ψ, χ sämtlich hat.

Diese Sätze sind in einem Brief enthalten, den FREGE am 25. 8. 1900 an HILBERT schrieb. Es ist (aus der Veröffentlichung von STECK) nicht ersichtlich, was HILBERT geantwortet hat. Versuchen wir also selbst, vom Standpunkt des »Formalismus« aus diesem Einwand zu begegnen.

---

[6] Vgl. [8], S. 17.
[7] A.a.O. S. 24.

Natürlich hat FREGE darin recht: Man kann nicht aus der (hier angenommenen) Widerspruchsfreiheit gewisser Sätze über ein »Wesen« auf dessen Dasein schließen. In der Mathematik geht es aber (nach der HILBERTschen Konzeption) überhaupt nicht um ontologische Aussagen, schon gar nicht um Beweise für die Existenz oder Nichtexistenz höherer Wesen. Es ist aber durchaus sinnvoll zu verabreden, daß die durch Axiomensysteme implizit definierten »Dinge« als »existent« angesprochen werden sollen, wenn das System widerspruchsfrei ist. Sie sind dann eben als Gegenstände einer vernünftigen Theorie »existent«. Die weitergehende Frage, ob etwa die Punkte eines topologischen Raumes einem realen Gegenstand in der Außenwelt oder in irgendeiner »Welt der Ideen« entsprechen, ist für den Mathematiker gewiß interessant, und er wird immer wieder versuchen, eine Antwort zu finden[8]. Aber es ist ein methodisch vernünftiges Prinzip: Mit den tiefgreifenden philosophischen Fragestellungen wird der »Alltag« des Mathematikers nicht belastet. Er baut seine Theorien nach gesicherten formalen Verfahren auf und erreicht auf diese Weise eine Gemeinsamkeit der Aussagen, die politische und ideologische Grenzen überschreitet.

Es liegt nahe, für die ins Zwielicht geratene Mengenlehre nach einem sicheren »formalen« Grund zu suchen.

2. Das System von ZERMELO

CANTORS große Zusammenfassungen seiner Mengenlehre erschienen in den Jahren 1895 und 1897. In seinen späteren Jahren hat er nichts mehr veröffentlicht. Aber wir wissen aus seinen Briefen, daß er an der Auffassung festhielt, daß »ohne ein Quentchen Metaphysik« keine Mathematik möglich sei[9]. Er hatte etwas gegen das sich »durch ihren glänzenden Erfolg immer mehr vervollkommnende Formelwesen«. Er fürchtete, daß diese Denkweise die Mathematiker »für jegliche objektiv-metaphysische Erkenntnis und daher auch für die Grundlagen ihrer eigenen Wissenschaft blind macht«[10].

Aber die Antinomien waren da, und auch die Anhänger CANTORS wollten sich nicht mit dem Hinweis begnügen, daß

---

[8] Vgl. z. B. [9] oder [10].

[9] Vgl. [10], S. 114.

[10] So CANTOR in einem Brief an Mrs. CHISHOLM-YOUNG vom 9. 3. 1907, veröffentlicht vom Verfasser in [16], S. 31.

man eben zwischen »Mengen« und »inconsistenten Vielheiten« unterscheiden müsse. Es erschien geboten, das Abgleiten in solche in sich widerspruchsvollen »Vielheiten« (die ja nach CANTORS Ansicht keine »Mengen« im Sinne seiner Theorie waren) von vornherein auszuschließen.

Hier bot sich eine formale Axiomatisierung der Mengenlehre als ein geeignetes Verfahren an, ähnlich wie es HILBERT so erfolgreich für die Geometrie geleistet hatte. Es war CANTORS Schüler Ernst ZERMELO (1871–1953), der im Jahre 1908 ein erstes brauchbares Axiomensystem für die Mengenlehre vorlegte. Es wird (in leicht variierter Form) auch heute noch oft benutzt, obwohl inzwischen auch andere Systeme vorliegen.

ZERMELO geht ebenso vor wie HILBERT in seinen ›Grundlagen‹: Er verzichtet auch auf eine explizite Definition der Grundbegriffe. Er betrachtet einen Bereich beliebiger Objekte. »Es kann vorkommen, daß zwischen zwei seiner Objekte x und y eine Beziehung von der Form $x \in y$ besteht; wir sagen dann, x sei ein ›Element‹ von y, und y sei eine ›Menge‹.«

Ist jedes Element einer Menge M zugleich auch Element einer Menge N, so daß aus $x \in M$ stets $x \in N$ gefolgert werden kann, so heißt M eine Untermenge von N, im Zeichen $M \subset N$.

Hier wird also nicht mehr *definiert*, was eine Menge ist. Es wird die durch das Zeichen $\in$ dargestellte Relation zwischen »Objekten« eingeführt, und die Eigenschaften dieser Relation werden nun durch einige Axiome festgelegt. Die Analogie dieses Starts zu dem HILBERTS in seinen ›Grundlagen‹ ist nicht zu verkennen. Wir notieren nun die sieben Axiome ZERMELOS im Zusammenhang[11]:

Z_1 Ist jedes Element einer Menge M gleichzeitig Element von N und umgekehrt, ist also gleichzeitig $M \subset N$ und $N \subset M$, so ist immer $M = N$. Oder kürzer: Jede Menge ist durch ihre Elemente bestimmt.

Z_2 (Axiom der Elementarmengen) Es gibt eine (uneigentliche) Menge, welche gar keine Elemente enthält, die »Nullmenge« $\emptyset$.

Ist a irgendein Ding des Bereiches, so existiert eine Menge $\{a\}$, welche a und nur a als Element enthält. Sind a, b irgend zwei Dinge des Bereiches, so existiert immer

---

[11] Die Anmerkungen zu diesen Axiomen bringen wir im Anschluß an die Aufzählung aller Axiome.

eine Menge $\{a, b\}$, welche sowohl a als auch b, aber kein von beiden verschiedenes Ding x als Element enthält.

Z_3 (Axiom der Aussonderung) Ist die Klassenaussage $\mathfrak{E}(x)$ definiert für alle Elemente einer Menge M, so besitzt M immer eine Untermenge $M_\mathfrak{E}$, welche alle diejenigen Elemente x von M, für welche $\mathfrak{E}(x)$ wahr ist, und nur solche als Elemente enthält.

Z_4 (Axiom der Potenzmenge) Jeder Menge T entspricht eine zweite Menge $\mathfrak{P}(T)$ (die »Potenzmenge« von T), welche alle Untermengen von T und nur solche als Elemente enthält.

Z_5 (Axiom der Vereinigung) Jeder Menge T entspricht eine Menge $\mathfrak{S}(T)$ (die »Vereinigungsmenge« von T), welche alle Elemente der Elemente von T und nur solche als Elemente enthält.

Wenn zum Beispiel T drei Elemente A, B, C enthält, und wenn A die beiden Elemente a und a', ferner B die beiden Elemente b und b', schließlich C die Elemente c und c' enthält, so hat die Menge $\mathfrak{S}(T)$ sechs Elemente: a, b, c, a', b', c'.

Z_6 (Axiom der Auswahl) Ist T eine Menge, deren sämtliche Elemente von $\emptyset$ verschiedene Mengen und untereinander elementefremd sind, so enthält ihre Vereinigung mindestens eine Untermenge s_1, welche mit jedem Element von T ein und nur ein Element gemein hat.

Z_7 (Axiom des Unendlichen) Der Bereich enthält mindestens eine Menge Z, welche die Nullmenge als Element enthält und so beschaffen ist, daß jedem ihrer Elemente a ein weiteres Element der Form $\{a\}$ entspricht, oder welche mit jedem ihrer Elemente a auch die entsprechende Menge $\{a\}$ als Element enthält.

Dieses ZERMELOsche System $\mathfrak{Z}$ erlaubt nicht das »wilde« Definieren von Mengen. Die Mengenbildung wird durch die Axiome geregelt, und dieses System ist weit genug, um alle für den Mathematiker wichtigen Mengen zuzulassen.

Da gibt es zunächst die in Z_2 erwähnten »Elementarmengen«. Das Axiom Z_5 läßt die Bildung von Vereinigungsmengen zu. Damit ist die Bildung beliebiger endlicher Mengen sichergestellt. Man kann sie durch Angabe ihrer Elemente bezeichnen, z. B.

$$M = \{1, 2, 3\}.$$

Nach Z_1 ist aber auch

$$M = \{3, 1, 2\} = \{3, 2, 1\} = \{3, 3, 2, 1\}.$$

Es kommt nicht darauf an, in welcher Reihenfolge die Elemente genannt werden und ob sie vielleicht gar mehrfach genannt sind. Man kann die Menge M aber auch durch eine ihrer Eigenschaften bezeichnen. Z. B. so:

M ist die *Menge der natürlichen Zahlen, die kleiner als 4 sind.*
M ist die *Menge der Lösungen der Gleichung*
$x^3 - 6x^2 + 11x - 6 = 0.$

Durch das »Unendlichkeitsaxiom« Z_7 ist die Existenz (mindestens) einer unendlichen Menge gesichert, nämlich die der Menge U mit den Elementen

$$U = \{\emptyset, \{\emptyset\}, \{\{\emptyset\}\}, \{\{\{\emptyset\}\}\}, \ldots\}.$$

Man beachte: $\emptyset$ ist verabredungsgemäß die leere Menge. $\{\emptyset\}$ ist die Menge, deren einziges Element die leere Menge ist, usf. Das Potenzmengenaxiom Z_4 läßt nun die Bildung von Mengen von immer höherer Mächtigkeit zu (nach dem CANTORschen Teilmengensatz). Ein schwacher Punkt des Systems $\mathfrak{Z}$ scheint das Axiom Z_3 zu sein. Es erlaubt die »Aussonderung« einer Menge aus einer schon (axiomatisch gesicherten) Menge M durch eine *Eigenschaft*. Nehmen wir einmal an, die Menge $\mathbb{N}$ der natürlichen Zahlen sei existent. Die Eigenschaft

$\mathfrak{E}(x)$: *x ist gerade*

sondert dann aus $\mathbb{N}$ die Teilmenge $\mathbb{G}^+$ der positiven geraden Zahlen aus. Die »Schwäche« dieses Axioms sehen wir in der fehlenden Festlegung des Verfahrens zur Beschreibung der »Eigenschaft«. In der Tat unterscheiden sich moderne Fassungen des $\mathfrak{Z}$-Systems von der ersten Formulierung ZERMELOS durch eine Präzisierung in der Beschreibung des Aussonderungsverfahrens. Wir müssen uns versagen, das hier näher zu beschreiben[12].

Nach der klassischen Vorstellung ist ein Axiom »Grundsatz einer Wissenschaft, der als unmittelbar gewiß, keines Beweises bedarf, noch fähig ist«. So heißt es in der Definition des Begriffes Axiom in ›Meyers Kleinem Konversationslexikon‹ von 1898. Man könnte fragen, ob denn die ZERMELOschen Axiome

[12] Man vgl. z. B. die Systeme $\mathfrak{A}$ in [10] und $\mathfrak{S}$ in [16].

wirklich so »unmittelbar gewiß« sind, besser gesichert als der Satz:

Beliebige Objekte bilden eine Menge.

Dieser einfache Satz dürfte manchem Zeitgenossen eher einleuchten als z. B. die ZERMELOschen Axiome Z_3 oder Z_6. Wir wissen aber bereits, daß mit diesem Satz auch die schrecklichen Antinomien wieder in die Mengenlehre Eingang finden würden. Deshalb fordert man (seit HILBERT) von einem Axiomensystem nicht einfach, daß seine Sätze »einleuchtend« seien. Wichtiger ist, daß sie *in sich widerspruchsfrei* sind. Die Grundlagenforschung hat sich seit Beginn dieses Jahrhunderts gründlich mit der Frage beschäftigt, wie man denn die Widerspruchsfreiheit einer Theorie beweisen könne. Man hat einige beachtliche Ergebnisse gewonnen[13]. Wie es um den Nachweis der Widerspruchsfreiheit für die allgemeine Mengenlehre steht, soll später (Kap. VIII) erörtert werden.

3. Die NEUMANNsche Definition der natürlichen Zahlen

Wir wollen zunächst darauf hinweisen, daß sich aus dem ZERMELOschen Axiomensystem auch eine Theorie der natürlichen Zahlen herleiten läßt. Darauf hat zuerst Hans VON NEUMANN (1903–1957) hingewiesen. Dieser später durch seine Forschungen auf den verschiedensten Gebieten der Mathematik so bekannte Forscher hat im Jahre 1923 (als Neunzehnjähriger!) in einem Brief an ZERMELO seine mengentheoretische Definition der natürlichen Zahlen mitgeteilt. Wir geben diesen Brief (auf S. 85 ff.) in Faksimile wieder.

Es erscheint nützlich, die NEUMANNsche Definition nochmals unter Benutzung des heute üblichen Zeichens $\emptyset$ für die leere Menge zu notieren. Danach ist[14]

---

[13] Vgl. dazu z. B. [9], Kap. XIII.

[14] Die im VON NEUMANNschen Brief erwähnte Menge ω ist die Menge aller natürlichen Zahlen

$\omega = \{0, 1, 2, 3, \ldots\}$.

Dabei wird (wie in der Mengenlehre üblich) die Zahl 0 den natürlichen Zahlen zugerechnet. Man unterscheide also ω von der Menge

$\mathbb{N} = \{1, 2, 3, 4, 5, \ldots\}$,

die in der Elementarmathematik oft als »Menge der natürlichen Zahlen« bezeichnet wird.

$$\begin{aligned}
&0 = \emptyset, \\
&1 = \{\emptyset\}, \\
(1)\quad &2 = \{\emptyset, \{\emptyset\}\}, \\
&3 = \{\emptyset, \{\emptyset\}, \{\emptyset, \{\emptyset\}\}\}, \\
&\ldots \\
&\ldots
\end{aligned}$$

Die Zahl Null ist also gleich der leeren Menge, die Eins ist die Menge, deren einziges Element die leere Menge ist. Die Zahl Zwei kann offenbar geschrieben werden als die Menge, deren Elemente die beiden Zahlen 0 und 1 sind, usf.

Statt (1) kann man deshalb die natürlichen Zahlen auch so erklären:

$$\begin{aligned}
&0 = \emptyset, \\
&1 = \{0\}, \\
&2 = \{0, 1\}, \\
(2)\quad &3 = \{0, 1, 2\}, \\
&4 = \{0, 1, 2, 3\}, \\
&5 = \{0, 1, 2, 3, 4\}, \\
&\ldots \\
&\ldots
\end{aligned}$$

Jede natürliche Zahl n ist danach eine *Menge von n Elementen*. Diese n Elemente sind die 0 und die Zahlen $1, 2, 3, \ldots, n-1$. Die Bedeutung dieser Definition wird deutlich, wenn man aus den Axiomen eine Theorie der *Ordnungszahlen* entwickelt. Wir werden auf diese Zahlen später (Kap. VIII) ausführlicher eingehen. An dieser Stelle soll nur gezeigt werden, daß die durch (2) erklärten natürlichen Zahlen eine bemerkenswerte Eigenschaft haben: *Jedes Element x einer natürlichen Zahl ist gleich dem durch x gegebenen »Abschnitt«*:

(3) $\quad x = A_x.$

Der *durch x erzeugte Abschnitt*: Das ist die Menge der Elemente der Menge, die *vor* x stehen (in der gegebenen Ordnung[15]).

In der Reihe der natürlichen Zahlen

$0, 1, 2, 3, 4, 5, 6, \ldots$

ist der durch die Zahl 5 erzeugte Abschnitt gleich der Menge

$A_5 = \{0, 1, 2, 3, 4\}.$

---

[15] Näheres über den Begriff der *Ordnung* im Abschn. IV 5.

Nach (2) ist das aber tatsächlich die Zahl 5 selbst: 5 ist gleich dem durch die Zahl 5 selbst erzeugten Abschnitt, und nach (2) haben alle natürlichen Zahlen diese Eigenschaft.

Wir werden später mit Hilfe dieser Eigenschaft den allgemeinen Begriff der Ordnungszahl erklären (Kap. VIII).

An dieser Stelle wollen wir uns mit naheliegenden *didaktischen* Einwänden gegen den hier eingeführten Zahlbegriff auseinandersetzen.

4. Einwände

Das MITTAG-LEFFLER-Institut in Djursholm (Schweden) hat die Inschrift:

> Die Zahl ist Anfang und Ende des Denkens.
> Mit dem Gedanken wird die Zahl geboren.
> Über die Zahl hinaus reicht der Gedanke nicht.

Wir wollen an dieser Stelle nicht auf die Bedenken eingehen, die geisteswissenschaftlich orientierte Menschen gegen den ersten dieser Sätze erheben könnten[16]. Der *zweite* Satz soll uns eingehender beschäftigen. Die Zahl (gemeint ist offenbar: die *natürliche* Zahl) ist danach dem menschlichen Denken intuitiv vorgegeben. Früher (bevor die Didaktik erfunden wurde) begann der Anfangsunterricht in Rechnen oft mit der schlichten Frage: *Wieviel ist 1 und 1?* Man ging davon aus, daß die Kinder so etwas wie eine Zahlvorstellung mitbrachten und hielt eine »Erarbeitung« dieses Grundbegriffes nicht für erforderlich. Der oft zitierte Satz von KRONECKER, daß die ganzen Zahlen vom »lieben Gott erfunden« seien, weist in die gleiche Richtung.

Was soll man da von einer Theorie halten, die mit einem Axiomensystem für transfinite Mengen beginnt und dann schließlich zu der Erkenntnis führt, daß die Zahl 3 zum Beispiel die Menge

$$\{\emptyset, \{\emptyset\}, \{\emptyset, \{\emptyset\}\}\}$$

ist? Zur Beruhigung des Lehrers wollen wir zunächst versichern, daß der moderne, mengentheoretisch fundierte Unterricht natürlich nicht mit der NEUMANNschen Definition der Zahl arbeitet. Es gibt verschiedene Wege, zu den natürlichen Zahlen

---

[16] So sagt GOETHE, daß die Zahlen »wie unsere armen Worte nur Versuche sind, die Erscheinungen zu fassen und auszudrücken, ewig unzulängliche Annäherungen«.

zu kommen, und der eben erwähnte ist nur einer von vielen[17]. Er ist deshalb besonders wichtig, weil er die Theorie der natürlichen Zahlen einbettet in eine *allgemeine* Mengenlehre, die ein brauchbares Fundament für *alle* mathematischen Disziplinen sein kann. Wir schreiben dieses Buch ja nicht für Lernanfänger, sondern für Erwachsene, die Verständnis gewinnen wollen für Sinn und Bedeutung der NEW MATH.

Wir müssen deshalb zunächst über die Bedeutung der Mengenlehre für den strukturellen Aufbau der modernen Mathematik berichten. *Erst dann* werden wir auf die Probleme des Schulunterrichts eingehen (Kap. VII).

5. Wohlgeordnete Mengen

Zur abschließenden Würdigung des ZERMELOschen Axiomensystems müssen wir noch ein Wort über das berühmte »Auswahlaxiom« Z_6 sagen. Wir müssen aber hinzufügen, daß man nach dem Auswahlaxiom solche Mengen auch aus Systemen *unendlicher* Mengen auswählen kann. Das Axiom gibt uns aber kein »konstruktives« Verfahren zur effektiven Definition einer solchen Menge. Wir haben nur die Versicherung (des Auswahlaxioms), daß es solche Mengen gebe. Das führt zu eigenartigen Konsequenzen.

Um das deutlich zu machen, wollen wir den Begriff der *geordneten* und den der *wohlgeordneten* Menge einführen.

Eine Menge M (mit Elementen $a, b, c, \ldots$) heißt *geordnet*, wenn auf M eine Relation $\prec$ (lies: »vor«) erklärt ist mit folgender Eigenschaft:

O_1: Die Aussagen $a \prec b$ und $b \prec a$ schließen sich aus.
O_2: Die Ordnung ist transitiv: Aus $a \prec b$ und $b \prec c$ folgt $a \prec c$.

Eine geordnete Menge M heißt *konnex geordnet*, wenn für irgend zwei Elemente $x \in M$ und $y \in M$ ($x \neq y$) genau eine der beiden Aussagen $x \prec y$ und $y \prec x$ wahr ist[18].

Eine solche Menge heißt *wohlgeordnet*, wenn jede nicht leere Teilmenge ein erstes Element hat.

Die Menge $\mathbb{N}$ der natürlichen Zahlen ist offenbar (bei der

---

[17] Man lese dazu Kap. X von [8].
[18] Es wird also der Fall ausgeschlossen, daß x und y (in bezug auf $\prec$) »nicht vergleichbar« sind.

üblichen Ordnung durch das Zeichen <) *wohlgeordnet*, nicht aber die Menge $\mathbb{Z}$ der ganzen oder die Menge $\mathbb{Q}$ der rationalen Zahlen.

Das geht schon daraus hervor, daß die Mengen $\mathbb{Z}$ und $\mathbb{Q}$ kein kleinstes Element haben. Für die Menge $\mathbb{Q}$ der rationalen Zahlen kann man leicht auch *beschränkte* Teilmengen angeben, die kein kleinstes Element haben, z. B. die Bildmenge der Folge

$$n \to a_n = \frac{1}{n}, n = 1, 2, 3, \ldots$$

Die Mengen $\mathbb{Z}$ und $\mathbb{Q}$ sind also (im Sinne der Ordnungsaxiome O_1 und O_2) durch die Relation »kleiner« (Zeichen: <) *geordnet*, aber sind nicht *wohlgeordnet*.

Man kann aber die Menge der rationalen Zahlen leicht so »umordnen«, daß sie (in der neuen Ordnung!) zu einer wohlgeordneten Menge wird. Im Kap. II haben wir ja gezeigt, daß man die rationalen Zahlen abzählen (»numerieren«) kann. Für die positiven rationalen Zahlen haben wir in (3), Kap. II, eine solche Abzählung p_ν ($\nu = 1, 2, 3, \ldots$) gegeben[19]. Bezeichnen wir mit $n_\nu = -p_\nu$ die negativen rationalen Zahlen, dann können wir die Menge *aller* rationalen Zahlen so abzählen:

(3)

r_1	r_2	r_3	r_4	r_5	r_6	r_7	$\ldots$
0	p_1	n_1	p_2	n_2	p_3	n_3	$\ldots$

Die Zahl 0 hat nach *dieser* Abzählung (3) die Nummer 1, $p_1 = 1$ die Nummer 2, $n_1 = -1$ die Nummer 3, usf. Jede rationale Zahl r hat danach eine wohlbestimmte Nummer ν.

Jetzt können wir für $\mathbb{Q}$ eine neue Ordnung $\prec$ (lies: »vor«) erklären durch die Vorschrift:

(4) $\quad r_\nu \prec r_\mu \Leftrightarrow \nu < \mu$:

r_ν steht *vor* r_μ, wenn die Nummer ν *kleiner* ist als die Nummer μ.

Offenbar ist die Menge $\mathbb{Q}$ mit der Ordnung $\prec$ *wohlgeordnet*, weil ja die Menge $\mathbb{N}$ der natürlichen Zahlen diese Eigenschaft hat.

Wir wollen noch anmerken, daß es noch viele andere Typen wohlgeordneter Mengen gibt. Sind z. B. $A = \{a_n\}$ und $B = \{b_n\}$ ($n = 1, 2, 3, \ldots$) wohlgeordnete Mengen mit der Ordnung $\prec$, die durch

(4') $\quad \begin{aligned} a_\mu &\prec a_\nu \Leftrightarrow \mu < \nu, \\ b_\mu &\prec b_\nu \Leftrightarrow \mu < \nu \end{aligned}$

---

[19] Danach ist $p_1 = 1, p_2 = \frac{1}{2}, p_3 = 2, p_4 = \frac{1}{3}$, usf.

erklärt ist, dann ist die Vereinigungsmenge $A \cup B$ in der Darstellung

$$A \cup B = \{a_1, a_2, a_3, a_4, \ldots; b_1, b_2, b_3, b_4, \ldots\}$$

wohlgeordnet. Dabei soll für alle Nummern jedes a_μ vor jedem b_ν stehen, und in den Teilmengen A und B gelten weiterhin die durch (4′) gegebenen Ordnungen.

ZERMELO hat nun bewiesen, daß *jede Menge wohlgeordnet* werden kann. Das heißt ausführlicher: *In jeder Menge M, deren Existenz durch das Axiomensystem gesichert ist, kann eine Ordnung $\prec$ erklärt werden, die den Charakter einer Wohlordnung hat.* Zum Beweis dieses Satzes wird das Auswahlaxiom Z_6 benutzt.

An dieser Stelle wird wieder einmal deutlich, wie wichtig in der Mathematik zweckmäßige Definitionen sind. Natürlich kann ein Mathematiker beim Ausbau einer Theorie neue Begriffe prägen. Es fragt sich nur, ob diese Erklärungen den Weg zu wesentlichen neuen Einsichten freigeben. Es gehört zu den großen Verdiensten CANTORS, daß er in der Mengenlehre, aber auch in der allgemeinen Topologie, außerordentlich fruchtbare neue Begriffe eingeführt hat. Dazu gehört auch die Definition der »Wohlordnung«. Aus der Theorie der wohlgeordneten Mengen konnte später eine allgemeine Theorie der Mengenvergleichung entwickelt und neue, »transfinite« Zahlen erklärt werden[20].

Wir müssen freilich einräumen, daß das Auswahlaxiom und der ZERMELOsche Wohlordnungssatz keine »konstruktiven« Aussagen sind. Das Auswahlaxiom gibt kein Verfahren an, wie man in jedem einzelnen Fall aus einer Menge disjunkter Mengen zu der »Auswahlmenge« kommt. Und auch der Satz über die Möglichkeit des Wohlordnens ist eine reine Existenzaussage. Danach kann z. B. die Menge der reellen Zahlen »wohlgeordnet« werden. Aber bis heute ist noch kein Verfahren bekannt, das diese Wohlordnung *effektiv* beschreibt.

Es gibt Vertreter der modernen Grundlagenforschung, die reine »Existenzaussagen« nicht schätzen. Sie sind nicht damit zufrieden, wenn ein Axiom die Existenz einer Auswahlmenge zuläßt, wenn man diese Menge nicht effektiv beschreiben kann. Es sei angemerkt, daß der im Abschnitt III. 4. erwähnte Satz über eine »paradoxe« Zerlegung der Kugel (S. 51) auch nur mit Hilfe

---

[20] Vgl. dazu Kap. VIII!

des Auswahlaxioms bewiesen werden kann. »Es gibt« die Zerlegungsmengen, aber man kann sie nicht tatsächlich beschreiben.

Man hat gegen die moderne Mengenlehre eingewandt, daß sie so »paradoxe« Aussagen zulasse, wie den erwähnten Zerlegungssatz. Wir meinen: Paradoxien sind Einbrüche in Denkgewohnheiten, die auf unzulässigen Verallgemeinerungen beruhen. Eine Theorie ist nicht deshalb absurd, weil ihre Ergebnisse »paradox« sind. Nur *Antinomien* sind tödlich.

V. Briefe zur Mengenlehre

1. Vorbemerkungen

Die Mengenlehre entstand zu einer Zeit, als man die wissenschaftliche Korrespondenz noch nicht mit der Schreibmaschine erledigte. Man schrieb mit der Hand, und es war üblich, den Entwurf zunächst einem »Briefbuch« anzuvertrauen, aus dem später die Reinschrift kopiert wurde. Einige der Briefbücher Georg CANTORs sind erhalten, und wir haben an anderer Stelle[1] bemerkenswerte Briefentwürfe des Gründers der Mengenlehre veröffentlicht. Solche Briefe sind manchmal aufschlußreicher für die Denkweise eines Forschers als die späteren ausgefeilten Publikationen in Fachzeitschriften.

Wir wollen auch diesem Band einige besonders bemerkenswerte Briefe mitgeben, die bisher *in faksimile* noch nicht veröffentlicht wurden. Da ist zuerst ein Brief von Georg CANTOR an den Berliner Gymnasiallehrer GOLDSCHEIDER. Er beantwortet in seinem Schreiben vom 18. 6. 1886 eine Anfrage so ausführlich, daß aus dem Brief ein kleines »Lehrbuch« der Mengenlehre wurde. Es ist für uns heute deshalb besonders interessant, weil wir hier einige der frühen Begriffsbildungen CANTORs vorfinden. Dieser Brief ist aber auch aus menschlichen Gründen bemerkenswert: Hier beantwortet ein Forscher einem interessierten Schullehrer eine Anfrage mit einer breiten Ausführlichkeit, die gewiß viele Stunden seiner Arbeitszeit gekostet hat. Ob das heute wohl ein Gelehrter tun würde? Man kann freilich anmerken, daß ein Professor im Jahre 1886 nicht so viele Sitzungen und Diskussionen wahrzunehmen hatte wie ein moderner Gelehrter.

Der zweite Brief CANTORs entstand Jahrzehnte später, zu einer Zeit, als er schon nichts mehr publizierte. Die Empfängerin ist eine bemerkenswerte Frau: Mrs. Grace CHISHOLM-YOUNG war die erste Studentin an einer deutschen Universität, die (in Göttingen bei Felix KLEIN) ihr Studium mit der Promotion abschloß. Ihr Gatte, William Henry YOUNG, war der spätere Präsident der

---

[1] In [10] sind mehrere Briefe CANTORs (und seiner Briefpartner) abgedruckt. Auf S. 22 dieser Schrift findet sich außerdem eine Liste aller Veröffentlichungen von Briefen CANTORs bis zu diesem Zeitpunkt. Zwei weitere Briefe und eine Ergänzung der Liste finden sich in [16].

»International Union of Mathematicians«. Er hatte zusammen mit seiner Gattin das erste Buch in englischer Sprache über Mengenlehre veröffentlicht. CANTORS Brief an Mrs. CHISHOLM-YOUNG macht deutlich, wie CANTOR an der »Realexistenz« der Mengen festhält und wie er über das Problem der Antinomien (der »inconsistenten Vielheiten«) denkt.

Der letzte Brief wurde fünf Jahre nach dem Tode CANTORS geschrieben. Sein Verfasser ist 19 Jahre alt, ein aus Ungarn stammender begabter Mathematiker, der später durch seine Forschungen auf dem Gebiet der Mengenlehre, der Funktionalanalysis, und der Kybernetik weltbekannt wurde. Damals, im Jahre 1923, schrieb Hans von NEUMANN über seine ersten Untersuchungen an ZERMELO, der ja nach CANTORS Tod der führende Vertreter der Mengenlehre war. Dieser Brief ist wohl das älteste Dokument, in dem die NEUMANNsche Definition der natürlichen Zahl mitgeteilt wird.

2. Brief von Cantor an Goldscheider vom 18. 6. 1886

Halle 18ᵗᵉⁿ Juni 1886

Herrn F. Goldscheider in Berlin.

I. Abstrahirt man bei einer gegebenen, bestimmten <u>Menge</u> M, bestehend aus concreten Dingen oder abstracten Begriffen, welche wir <u>Elemente</u> nennen, sowohl von der Beschaffenheit der Elemente, wie auch von der Ordnung ihres Gegebenseins, so erhält man einen bestimmten Allgemeinbegriff, den ich die <u>Mächtigkeit</u> von M oder die der Menge M zukommende <u>Cardinalzahl</u> nenne.

II. Zwei bestimmte Mengen M und M_1 heißen <u>aequivalent</u>, in Zeichen: $M \backsim M_1$, wenn es möglich ist, sie nach einem Gesetz gegenseitig eindeutig und vollständig, Element für Element einander zuzuordnen. Ist $M \backsim M_1$ und $M_1 \backsim M_2$, so ist auch $M \backsim M_2$.

Beispiele:

1) die Menge der Regenbogenfarben ist $\backsim$ der Menge der Töne einer Octave.

2) die Menge der Finger meiner beiden Hände ist $\backsim$ der Menge:
$$\begin{array}{l} a \\ b, c \\ d, e, f \\ g, h, i, k \end{array}$$

3) die Menge (ν) aller reellen positiven ganzen Zahlen ist $\backsim$ der Menge $(\nu + \mu i)$ aller complexen ganzen Zahlen, $\backsim$ der Menge $\left(\frac{\nu}{\mu}\right)$ aller reellen ration. Zahlen, $\backsim$ der Menge $\left(\frac{\nu + \mu i}{\lambda}\right)$ aller complexen rationalen Zahlen $\backsim$ der Menge aller reellen und complexen <u>algebraischen</u> Zahlen. (M. v. Crelle, Bd. 77, p. 258).

4) die Menge aller Punkte einer Geraden AB ist $\backsim$ der Menge aller Punkte einer andern Geraden $\backsim$ der Menge aller Punkte einer beliebigen regulären Curve, aber auch $\backsim$ der Menge aller Punkte einer Fläche, eines Körpers etc. (M. v. Crelle Bd. 84, p. 242).

III. Aus I und II schliesst man, dass aequivalente Mengen immer dieselbe Mächtigkeit haben und dass auch umgekehrt Mengen von derselben Cardinalzahl aequivalent sind.

IV. Werden zwei Mengen M und N zu einer Menge S und zwei jenen entspr. aequivalente Mengen M_1 und N_1 zu einer Menge S_1 verbunden, so ist auch $S \backsim S_1$. Wird die Mächtigkeit der Mengen M und M_1 mit $\mathfrak{v}$, die Mächtigk. der Mengen N und N_1 mit $\mathfrak{v}'$, die der Mengen S und S_1 mit $\mathfrak{b}$ bezeichnet, so drückt man die Beziehung von $\mathfrak{v}$, $\mathfrak{v}'$ und $\mathfrak{b}$ durch die Formel aus:
$$\mathfrak{v} + \mathfrak{v}' = \mathfrak{b}.$$

Hierin liegt die Definition der Summe zweier Mächtigk.- oder Cardinalzahlen.

Man überzeugt sich leicht, dass stets:
$$\mathfrak{v} + \mathfrak{v}' = \mathfrak{v}' + \mathfrak{v}$$
$$\mathfrak{v} + (\mathfrak{v}' + \mathfrak{v}'') = (\mathfrak{v} + \mathfrak{v}') + \mathfrak{v}''$$

d. h. das commutative und das <u>associative</u> Gesetz gelten bei <u>Addition</u> von Cardinalzahlen.

V. Hat man eine Menge N von der Mächtigkeit $\mathfrak{v}'$ und ersetzt darin jedes Element durch je eine Menge von der Mächtigkeit $\mathfrak{v}$, so erhält man eine neue Menge P, deren

Mächtigk. $\mathcal{E}$ heisse.
Dann wird $\mathcal{E}$ das Produkt aus dem Multiplicandus $\mathfrak{R}$ und dem Multiplicator $\mathfrak{R}'$ genannt, in Zeichen: $\mathfrak{R} \cdot \mathfrak{R}' = \mathcal{E}$.

Man beweist, dass stets:
$$\mathfrak{R} \cdot \mathfrak{R}' = \mathfrak{R}' \cdot \mathfrak{R},$$
$$\mathfrak{R} \cdot (\mathfrak{R}' \cdot \mathfrak{R}'') = (\mathfrak{R} \cdot \mathfrak{R}') \cdot \mathfrak{R}''.$$

Das commutative und associative Gesetz gelten also auch bei der Multiplication von Mächtigkeiten.

VI. Diese Grundsätze beziehen sich sowohl auf endliche, wie auch auf actual unendliche Mengen und deren Mächtigkeiten od. Cardinalzahlen. Bei den endlichen Cardinalzahlen sieht man leicht, dass in einer Gleichung:
$$\mathfrak{R} + \mathfrak{R}' = \mathcal{E}$$
niemals $\mathcal{E}$ gleich einem der Summanden $\mathfrak{R}$ oder $\mathfrak{R}'$ ist.

Bei den actual unendl. Cardinalzahlen überzeugt man sich aber, dass letzterer Satz nicht gültig ist.

So ist z. B., wenn $\mathfrak{R}$ irgend eine act. unendl. Cardinalzahl ist, stets:
$$1 + \mathfrak{R} = \mathfrak{R}$$
$$\mathfrak{R} + \mathfrak{R} = \mathfrak{R} \cdot 2 = \mathfrak{R}$$
$$\mathfrak{R} \cdot \mathfrak{R} = \mathfrak{R} \quad \text{u. s. w.}$$

Darin wird man nichts Widersprechendes finden, wenn man auf die Definitionen in I und II zurückgeht. Warum soll nicht im Allgemeinen eine Menge M unter demselben Allgemeinbegriff, der hier Mächtigkeit heisst, stehen wie eine vergrösserte Menge $M + N$?

Nur die Gewohnheit bei endlichen Mengen ist Schuld daran, dass man zu Anfang

in diesem Resultat Schwierigkeiten zu finden
glaubt. Doch verhält es sich hier analog
wie z.B. mit dem bestimmten Allgemeinbegriff
"Mensch", der meiner Person in diesem Augen-
blick ganz ebenso zukommt, wie vor vierzig
Jahren, obgleich ich seitdem manchen Zuwachs
und viel Veränderung an mir erfahren.

VII Nun mache man sich mit dem allgemeinen
Begriff einer *wohlgeordneten* Menge vertraut
wie er pag. 4 der "Grundlagen" (d.h. N^0 5
des Aufsatzes der Math. Annalen "Ueber unendl.
lineare Punktm, Bd. XXI. p. 548) definirt ist.

Beispiele:
1) $(a, b, c, d, e, f, g, h, i, k)$ ist eine
wohlgeordn. Menge im Gegensatz zu:

$$\begin{array}{c} a \\ b \ c \\ d \ e \ f \\ g \ h \ i \ k \end{array} \ ;$$

beide Mengen bestehen aus denselben Elementen, haben
also auch gleiche Mächtigkeit.

2) Die Reihe der Cardinalzahlen in ihrer
natürlichen Folge:
$$(1, 2, 3, \ldots , \nu, \ldots \ldots)$$

3) Die Menge aller positiven rationalen
Zahlen in folgender Anordnung:
$$(\tfrac{1}{1}, \tfrac{1}{2}, \tfrac{2}{1}, \tfrac{1}{3}, \tfrac{3}{1}, \tfrac{1}{4}, \tfrac{2}{3}, \tfrac{3}{2}, \tfrac{4}{1}, \tfrac{1}{5}, \tfrac{5}{1},$$
$$\tfrac{1}{6}, \tfrac{2}{5}, \tfrac{3}{4}, \tfrac{4}{3}, \tfrac{5}{2}, \tfrac{6}{1}, \ldots \ldots)$$

Das Gesetz der Anordnung ist hier dieses, dass
von zwei in der irreduktibeln Form genommenen Rationalzahlen
$\tfrac{m}{n}$ und $\tfrac{m'}{n'}$ die erstere einen niederen oder höheren Rang
als die andere erhält, je nachdem $m+n$ kleiner oder
grösser als $m'+n'$; ist aber $m+n=m'+n'$ so richtet
sich die Rangbeziehung nach der Grösse von m und m'.

4)
$$(1,3,5,7,9,\ldots\ldots 2,4,6,8,10,\ldots\ldots)$$

Hier sind sämtliche endlichen Cardinalzahlen so gedacht, dass zuerst die ungeraden in ihrer natürlichen Folge, dann dem Range nach auf diese folgend die geraden Cardinalzahlen in ihrer natürlichen Folge kommen.

5)
$$(3,5,7,9,11,\ldots 2,4,6,8,10,\ldots 1);$$

dies ist auch wieder die Menge aller endlichen ganzen Zahlen als wohlgeordnete Menge, wobei aber das Element 1 den höchsten Rang hat.

6) man nehme ein mit zwei unbeschränkten endlichen Indices versehenes System von Elementen:

$$a_{\mu,\nu}$$

und setze folgendes Ranggesetz unter ihnen fest: Von zwei Elementen $a_{\mu,\nu}$ und $a_{\mu',\nu'}$ habe das erste niederen oder höheren Rang als das zweite, je nachdem μ kleiner oder grösser ist als μ'; ist aber $\mu = \mu'$, so sei das Rangverhältniss durch die Grösse von ν und ν' bestimmt; so erhält man folgende wohlgeordnete Menge:

$$(a_{1,1}, a_{1,2}, \ldots, a_{1,\nu}, \ldots a_{2,1}, a_{2,2}, \ldots, a_{2,\nu}, \ldots$$
$$\ldots\ldots a_{3,1}, a_{3,2}, \ldots a_{3,\nu}, \ldots$$
$$\ldots\ldots\ldots a_{\mu,1}, a_{\mu,2}, \ldots a_{\mu,\nu}, \ldots$$
$$\ldots\ldots\ldots a_{\mu+1,1}, a_{\mu+1,2}, \ldots a_{\mu+1,\nu}, \ldots$$
$$\ldots\ldots\ldots\ldots\ldots\ldots)$$

<u>VIII.</u> Abstrahirt man bei einer wohlgeordneten Menge $\mathfrak{M}$ von der Beschaffenheit ihrer Elemente, nicht aber von der Ordnung ihres Gegebenseins, so ergiebt sich ein bestimmter Allgemeinbegriff,

den ich in den „Grundlagen" die „Anzahl der
wohlg. Menge $\mathfrak{M}$" genannt, den ich aber jetzt
lieber die „der wohlg. Menge $\mathfrak{M}$ zukommende
Ordnungszahl" oder auch die „Form oder den
Typus der wohlg. Menge $\mathfrak{M}$" nenne.

__IX__ Zwei wohlgeordn. Mengen $\mathfrak{M}$ und $\mathfrak{M}_1$ nenne
ich einander „ähnlich" oder „conform", in
Zeichen $\mathfrak{M} \mathrel{cf} \mathfrak{M}_1$, wenn sie sich gegenseitig
eindeutig u. vollständig, Element für Element,
so zuordnen (auf einander abbilden) lassen,
dass das Rangverhältniss je zweier Elemente
von $\mathfrak{M}$ dasselbe ist, wie das Rangverh. der
entsprechenden beiden Elemente von $\mathfrak{M}_1$. Diese
Zuordnung ist, wenn überhaupt, nur auf eine
Weise möglich, während die bei der Definition
der Aequivalenz von Mengen unter __II__ gebrauchte
Zuordnung auf mehrere Weisen geschehen kann,
wenn sie überhaupt möglich ist.

Zwei conforme wohlgeordnete Mengen sind eo ipso
auch aequivalent, also von gleicher Mächtigkeit.
Ist $\mathfrak{M} \mathrel{cf} \mathfrak{M}_1$, $\mathfrak{M}_1 \mathrel{cf} \mathfrak{M}_2$, so ist
auch: $\mathfrak{M} \mathrel{cf} \mathfrak{M}_2$.

Beispiele.
1) Die wohlgeordneten Mengen $(a, b, c, d, e, f, g, h, i, k)$
und $(a', b', c', d', e', f', g', h', i', k')$ sind con=
form; bei ihrer Abbildung ist a auf a', b auf b',
etc.. k auf k' zu beziehen.

2) Die unter VII, 2 und VII, 3 angeführten
wohlgeordn. Mengen sind conform.

3) Die beiden wohlg. Mengen:
$(1, 3, 5, 7, \ldots ; 2, 4, 6, 8, \ldots)$

und: $(a_2, a_4, a_6, a_8, \ldots \; a_1, a_3, a_5, a_7, \ldots)$
sind conform; bei der Abbildung muss 1 auf a_2, 3 auf a_4, 5 auf a_6 etc. 2 auf a_1, 4 auf a_3, 6 auf a_5 etc. bezogen werden; jede andere gegens. eind. u. vollst. Zuordn. der beiden Mengen, (wie z.B. die, wonach dem ν der ersten allgemein a_ν der zweiten entspricht) leistet nicht der Forderung genüge, dass das Rangverhältniss je zweier Elemente der ersten dasselbe ist, wie das der entsprechenden beiden Elemente der zweiten.

4) Die beiden wohlg. Mengen:

$(1, 2, 3, \ldots \nu, \ldots)$ u. $(2, 3, 4, \ldots \nu+1, \ldots)$

von denen die zweite ein Theil der ersten ist, sind conform; dagegen sind beide nicht conform der wohlg. Menge:

$(2, 3, 4, \ldots \ldots 1)$

obgleich letztere Menge genau aus denselben Zahlen besteht, wie die erste aus diesen dreien.
Die letzte wohlg. Menge hat ein dem Range nach höchstes, "letztes" Element, nämlich 1; die beiden ersten haben kein "letztes" Glied.

X. Aus VIII und IX folgt, dass conforme wohlg. Mengen dieselbe Ordnungszahl, Form oder Typus haben und dass auch umgekehrt wohlg. Mengen von gleicher Ordnungsz. conform sind.
Darnach kommt also den wohlg. Mengen:

$(1, 2, 3, \ldots \nu, \ldots)$ $(2, 3, \ldots \nu+1, \ldots)$

dieselbe Ordnungszahl zu, obgleich die zweite nur ein Theil der ersten ist; dagegen haben die wohlg. Mengen:

$(1, 2, 3, \ldots \nu, \ldots)$ $(2, 3, \ldots \nu+1, \ldots 1)$

verschiedene Ordnungszahlen oder Typen, obgleich sie aus denselben Elementen bestehen.

XI. Den Typus od. die Ordnungszahl der wohlgeordn.
Menge: $(1, 2, 3, \ldots, \nu, \ldots)$
bezeichne ich mit: ω.

XII. Werden zwei wohlg. Mengen M und M'
mit den Typen α und α' so zu einer neuen wohlg.
Menge V vereinigt, dass die Elemente jeder
einzelnen von ihnen ihr Rangverh. unter einander
behalten, dagegen die sämmtlichen Elemente von M
einen niederen Rang einnehmen, als die sämmtl.
Elemente von M', so wird die Ordnungszahl β
von V die Summe der Ordnungszahlen α und
α' von M und M' genannt:

$$\alpha + \alpha' = \beta$$

und hier heisst α der <u>Augendus</u>, α' der <u>Addendus</u>.

Hier ist im Allgemeinen $\alpha + \alpha'$ von $\alpha' + \alpha$ verschieden.
Im Falle, dass α und α' beide endlich sind, ist:
$\alpha + \alpha' = \alpha' + \alpha$.
Dagegen ist stets: $\alpha + (\alpha' + \alpha'') = (\alpha + \alpha') + \alpha''$.
Während also das commutative Gesetz bei der Addition von Ordnungszahlen im Allg. aufhört, ist
das associative Gesetz auch hier gültig.
Beispiele. 1) $1 + \omega = \omega$, dagegen $\omega + 1$ von ω verschieden.
2) Die unter <u>VII</u>, 2 und <u>VII</u>, 3 stehenden wohlg.
Mengen haben beide die Ordnungsz. ω.
3) Die unter <u>VII</u>, 4 stehende wohlg. M. hat die
Ordnungsz. $\omega + \omega$, die unter <u>VII</u>, 5 angeführte
hat die Ordnungsz. $\omega + \omega + 1$. M

XIII. Hat man eine wohlg. Menge vom Typus α'
und ersetzt darin jedes Element durch je eine
wohlg. Menge vom Typus α, so entsteht eine
neue wohlg. Menge M, deren Typus γ
wird das Product aus $\alpha \cdot \alpha'$ aus dem Multiplicandus α und dem Multiplicator α' genannt.

$$\alpha \cdot \alpha' = \beta'.$$

Auch hier ist im Allgemeinen $\alpha \cdot \alpha'$ von $\alpha' \cdot \alpha$ verschieden; sind α und α' endliche Ordnungszahlen, so ist: $\alpha \cdot \alpha' = \alpha' \cdot \alpha$.

Dagegen hat man stets:
$$\alpha \cdot (\alpha' \cdot \alpha'') = (\alpha \cdot \alpha') \cdot \alpha''.$$

Sei z. B.: $\alpha = \omega$, $\alpha' = 2$.

$\mathcal{M}$ ist hier etwa: (a, b),
an Stelle von a werde $(a_1, a_2, \ldots, a_\nu, \ldots)$ v. Typ. ω
" " " b " $(b_1, b_2, \ldots, b_\nu, \ldots)$ v.–n ω
gesetzt und man erhält die wohlgeordnete Menge $\mathcal{J}$:
$(a_1, a_2, \ldots, a_\nu, \ldots, b_1, b_2, \ldots, b_\nu, \ldots)$ deren Typ. $= \omega \cdot 2$ ist.

Nimmt man aber $\alpha = 2$, $\alpha' = \omega$,
so ist hier $\mathcal{M}$ etwa: $(n_1, n_2, \ldots, n_\nu, \ldots)$;
an Stelle von n_ν setzt man die wohl. Menge (p_ν, q_ν) vom Typus 2 und erhält $\mathcal{J}$:

$(p_1, q_1, p_2, q_2, \ldots, p_\nu, q_\nu, \ldots)$

vom Typus $2 \cdot \omega$.
Da aber offenbar die letzte Menge den Typus ω hat, so schliesst man dass:
$$2 \cdot \omega = \omega.$$

Die unter XII, 3 vorkommenden Zahlen $\omega + \omega$ und $\omega + \omega + 1$ lassen sich nun auch schreiben:
$\omega \cdot 2$ und $\omega \cdot 2 + 1$.

Dem unter VII, 5 gegebenen Beispiel einer wohlgeordneten Menge kommt nun offenbar die Ordnungszahl:
$$\omega \cdot \omega = \omega^2$$
zu.

XIV. Die Mächtigkeit der Menge aller endlichen Zahlen ist die kleinste transfinite Mächtigkeit, ebenso wie ω die kleinste transfinite Ordnungszahl ist; ich nenne diese Mächt. die *erste* transf. Mächt. oder einfacher die erste Mächt. und bezeichne sie mit:

$$\overset{*}{\omega},$$

wie überhaupt die Mächtigkeit, welche einer wohlgeordneten Menge vom Typus α zukommt, mit $\overset{*}{\alpha}$ bezeichnet wird.

Offenbar ist darnach:

$$\overset{*}{(\omega+1)} = \overset{*}{(\omega+2)} = \ldots = \overset{*}{\omega},$$

aber auch: $\overset{*}{(\omega\cdot 2)} = \overset{*}{(\omega\cdot 2+1)} = \overset{*}{(\omega\cdot 2+2)} = \ldots = \overset{*}{\omega}$

$$\overset{*}{\omega^2} = \overset{*}{\omega}$$

So zeigt sich, dass bei Bildung der Ordnungszahlen $\omega, \omega+1, \ldots \omega\cdot 2, \omega\cdot 2+1, \ldots$ die entsprechenden Mächtigkeiten zunächst *dieselben* bleiben.

XV. Den Inbegriff aller Ordnungszahlen welche Typen wohlgeordneter Mengen von der Mächtigkeit $\overset{*}{\omega}$ sind, nenne ich die *zweite Zahlenclasse*:

$$\omega, \omega+1, \ldots, \omega_0\mu_0+\omega_1\mu_1+\cdots+\omega_{\nu-1}\mu_{\nu-1}+\mu_\nu, \ldots, \overset{\omega}{\omega}, \ldots, \overset{\overset{\omega}{\omega}}{\omega}, \ldots$$

Diese zweite Zahlenclasse bildet in ihrer natür= lichen Ordnung selbst eine *wohlgeordnete Menge* deren Typus ich Ω nenne; Ω ist die kleinste Zahl der dritten Zahlenclasse; die Mächtigkeit $\overset{*}{\Omega}$ der zweiten Zahlenclasse ist aber nicht wieder $= \overset{*}{\omega}$, sondern, wie ich

in den "Grundlagen § 13" bewiesen, die auf
die nächst folgende grössere Mächtigkeit.

XVI. Während die endlichen Ordnungs=
zahlen dieselben Gesetze befolgen, wie die
endlichen Cardinalzahlen (was der
Grund ist, weshalb ihr Unterschied in
der bisherigen Zahlentheorie nicht deutlich
hervorgetreten ist) macht sich der Unter=
schied von transfiniten Cardinal=" und
transfiniten Ordnungszahlen aufs
einschneidendste und deutlichste geltend

Georg Cantor.

3. Brief von Cantor an Mrs. Chisholm-Young vom 9.3.1907

Halle, 9 März, 1907

Sehr verehrte Frau,

Mit großer Freude nahm ich vorgestern das mir von Ihnen gütigst übersandte Exemplar Ihres mit Ihrem Herrn Gemahl gemeinschaftlich verfaßten Werks „The Theory of Sets of Points" in Empfang. Ich spreche Ihnen Beiden meinen verbindlichsten Dank dafür aus.

Es ist mir ein Vergnügen zu sehen, mit welchem Fleiß, Sachkenntniß und Erfolg Sie an dieser Sache gearbeitet haben und ich wünsche Ihnen auch für Ihre weiteren Studien in

diesen Gebiete die schönsten Früchte, an denen
es Ihnen bei Ihrem beiderseitigen Tief- und
Scharfsinn nicht fehlen kann.

Lassen Sie sich nicht von Denen irre machen,
die an der Realität und Widerspruchslosigkeit
der Alefzahlen glauben zweifeln zu
sollen; diese Zahlen haben dieselbe feste
Dinglichkeit wie die von Alters her
bekannten endlichen Cardinalzahlen.
Was Herr Schönflies W nennt, ist keine
"Menge" in dem von mir gemeinten Sinne des
Wortes, sondern eine "inconsistente Vielheit".
Schon als ich die "Grundlagen" schrieb, habe
ich dies klar gesehen, wie aus den
Anmerkungen 1) und 2) am Schlusse hervorgeht, wo
ich W die "absolut unendliche ~~Folge~~
~~aus~~ Zahlenfolge" nenne.
In 1) sage ich ausdrücklich dass ich

nur solche Vielheiten "Mengen" nenne, die ohne
Widerspruch als Einheiten (d.h. als Dinge
gedacht werden können.

Und in der Abh. d. Math. Annalen
Bd. 46 sage ich gleich zu Anfang
mit voller Absicht:

"Unter einer Menge verstehen wir jede Zusammenfassung von
.... zu einem Ganzen"

worin doch liegt, daß Vielheiten, denen das Gepräge
fertigen des Ganzen oder der Dinglichkeit nicht gegeben
werden kann, nicht als "Mengen" im eigentlichen
Sinne des Wortes anzusehen sind.

Mengen sind "Consistente Vielheiten", ihnen allein
kommen Cardinalzahlen resp. Ordnungstypen zu;
zu absolut unendlichen Vielheiten gehören weder
cardinalzahlen Ordnungstypen
jene noch diese; man könnte bei ihnen nur von "Unzahlen" sprechen.
Was BuraliForti vorgebracht hat, ist höchst thöricht.
Wenn Sie auf seine Abh. im Circolo Matem. zurück-
gehen werden Sie bemerken, daß er nicht einmal
den Begriff der "wohlgeordneten" Menge richtig

aufgefaßt hatte.

Doch genug hiervon für heute.

Ich wünsche Ihrem Frantie eine Freude und Stoff zum Nachdenken zu bereiten und habe zu dem Ende 8 Karten mit Zahlen von 1 bis 255 beschrieben.

Er wird mit deren Hilfe im Stande sein, irgend eine Zahl in diesen Grenzen, die sich ein Andrer denkt, zu errathen. Dazu braucht er nur zu erfahren, auf welchen von diesen Karten die gedachte Zahl steht; durch Addition der Anfangszahlen der betreffenden Karten erhält er mit unfehlbarer Sicherheit das was er sucht.

Die Sache beruht, wie Sie sofort bemerken werden, auf der eindeutigen Darstellung der ganzen Zahlen im dyadischen System.

Mit freundlichem Gruß
Ihr

ganz ergebenster
Georg Cantor

4. Brief von H. v. Neumann an Zermelo vom 15. 8. 1923

Budapest, den 15.VIII.1923.

Sehr geehrter Herr Professor!

Ich erlaube mir die beiliegende Arbeit Ihnen zu übersenden. Ich bitte Sie dieselbe durchlesen zu wollen, und mir Ihre Ansicht darüber mit zu teilen.

Der Gegenstand derselben ist die Axiomatisierung der Mengenlehre. Die Anregung zu ihr verdanke ich ganz Ihrer Arbeit über die „Grundlagen der Mengenlehre".

Ich bin von der Ihren an den folgenden wesentlichen Stellen abgewichen:

1. Der Begriff der „definitheit" wird nicht explicit eingeführt.

   aber die zulässigen Schemata zur Bildung von Funktionen und Mengen werden angegeben.

2. Das Fraenkelsche „Ersetzungsaxiom" wird hinzugenommen.

   Dieses ist (unter anderem) notwendig, um die Theorie der Ordnungszahlen aufstellen zu können.

3. „zu große" Mengen werden zugelassen. (z.B.: die Menge) (aller Mengen die sich nicht enthalten.)

   Ich glaube daß dies notwendig ist um das „Ersetzungsaxiom" formulieren zu können.
   Um Paradoxien zu vermeiden, werden zwar alle („definiten") Mengen zugelassen, aber die zu großen für unfähig erklärt, Elemente von Mengen zu sein.

?!

___

In den beiden ersten Teilen der Arbeit wird diese ganze Axiomatik auseinandergesetzt, und die Herleitung der Elemente der bekannten Mengenlehre durchgeführt.

Das geschieht, schon der klaren Auseinandersetzung der angewandten Methode wegen, ziemlich weitgehend und detailliert.

Da es sich größtenteils nur um die formalistische Herleitung bekannter Sätze handelt, mußte dabei viel triviales behandelt werden.

Neu sind (von einigen Kleinigkeiten abgesehen) in dieser Darstellung wohl nur die folgenden Punkte:

1. Die Theorie der Ordnungszahlen (zweiter Teil, zweites Kapitel).

Es gelang mir die Ordnungszahlen auf Grund der Mengenlehre Axiome allein aufzustellen.

Die Grund Idee war die folgende:
Jede Ordnungszahl ist die Menge aller vorhergehenden. So wird: (0 die Nullmenge)

$$0 = 0,$$
$$1 = \{0\},$$
$$2 = \{0, \{0\}\},$$
$$3 = \{0, \{0\}, \{0, \{0\}\}\},$$
$$\cdots$$
$$\omega = \{0, \{0\}, \{0, \{0\}\}, \{0, \{0\}\}, \{0, \{0\}\}\}, \ldots\}$$
$$\omega+1 = \{0, \{0\}, \{0, \{0\}\}, \ldots, \{0, \{0\}, \{0, \{0\}\}, \ldots\}\},$$
$$\cdots$$

(Für die positiven endlichen Zahlen lautet also die Re-)
(gel so: $x+1 = x + \{x\}$.)

Diese Theorie hat auch im Rahmen der „naiven Mengenlehre" Sinn. (Sie wird naiv behandelt,)
(demnächst in der Zeitschrift der Szegediner Universität)
(erscheinen.)

2. Die Art der Einführung des Wohlordnungssa-

tes (Axiom IV 2)

Eines der Axiome, IV 2, bestimmt, wann eine Menge
„zu groß" (d. h. unfähig Element zu sein) ist; und zwar
folgendermaßen:

Eine Menge ist dann und nur dann „zu groß", wenn
sie der Menge aller Dinge aequivalent ist.

Dieses Axiom umfaßt offenbar das Aussonderungs-
-Axiom, und das Fraenkelsche „Ersetzungs-Axiom".
Es enthält aber auch, was einigermaßen seltsam
erscheinen mag, den Wohlordnungssatz.

Der Beweisgang ist etwa der: die Menge aller Ordnungszahlen ist (die sich ohne weiteres aufstellen)
(läßt) würde auf die Burali-Fortische Antinomie
führen, also ist sie „zu groß"; also ist sie der Menge
aller Dinge aequivalent. Das ergibt aber sofort eine
Wohlordnung für die Menge aller Dinge.

. Die Definition der Endlichkeit (zweiter Teil, drittes Kapi-)
(tel §5a) ist, soviel ich weiss, neu.
Sie ist von dem Begriff der Ordnung einerseits, und
vom Auswahlprinzip andererseits, unabhängig. Allerdings ist das in dieser Darstellung belanglos, da das
Auswahlprinzip hier implicit (im Axiom IV 2, mit ande-)
(ren Forderungen zusammen) eingeführt wird. Ich
habe darum auch nirgends die von ihm abhängigen Sätze von den übrigen isoliert.

Im Gegensatze zu den beiden ersten Teilen, die ich für
ungefähr fertig betrachten zu dürfen glaube, behandelt der dritte eine Reihe von Fragen, deren Lösung
mir noch unklar ist.

Es handelt sich um die Struktur des Axiomen Systems, wobei eine Menge unerwarteter, und ich glaube nicht ganz uninteressanter, Probleme auftritt.

Ich wäre Ihnen, Herr Professor, sehr dankbar, wenn Sie auch diesem Teil Ihre Aufmerksamkeit schenken wollten, und mir Ihre Meinung darüber mitteilen würden.

Im voraus dankend verbleibe ich

hochachtungsvolle Ihr

Hans v. Neumann.

Budapest (Ungarn).
V. Arad Wilhelmstrasse 62. III.

VI. Mathematische Strukturen

1. Entstehung der mathematischen Disziplinen

Bei vielen mathematischen Disziplinen ist die Entstehung aus Fragestellungen der Praxis nachweisbar. So heißt ja Geometrie einfach *Erdmessung*. In der Tat haben die Ägypter die Aussagen der Geometrie benutzt, um das durch den Nil überschwemmte Land neu zu vermessen. Später freilich löste sich die Geometrie von solchen Bindungen und wurde – im griechischen Kulturkreis – zu einer »reinen« Wissenschaft. In den ›Elementen‹ des EUKLID (um 325 v. Chr.) werden die Lehrsätze der Geometrie durch logische Schlüsse aus vorgegebenen »Axiomen« und »Postulaten« hergeleitet, und die Gelehrten jener Epoche sahen den Wert ihrer Wissenschaft keineswegs in ihrer »Anwendbarkeit«[1].

Auch die Arithmetik hat ihre Bezüge zu den Problemen des Alltags. Die frühesten Lehrbücher enthalten Rechenaufgaben über Probleme des kaufmännischen Rechnens.

Kaufmännisches Rechnen hat aber kaum Beziehung zur Geometrie. Und auch die Disziplinen der »höheren« Mathematik scheinen ein Eigenleben zu führen. Natürlich hat die Differentialrechnung etwas mit dem gewöhnlichen Rechnen zu tun, aber ihre Probleme und die ihr eigenen Methoden sind – zunächst – aus physikalischen (und geometrischen) Fragestellungen verständlich. So kam NEWTON (1642–1727) auf die »Fluxionen« bei dem Bemühen, für ungleichförmige Bewegungen die Geschwindigkeit zu definieren.

Die Trennung der Mathematik in eigenständige Disziplinen dokumentiert sich auch im Aufbau älterer Schullehrbücher: Da steht die »Welt der Zahl« neben der »Erschließung des Raumes«. In der Oberstufe schlug dann freilich die Analytische Geometrie eine Brücke zwischen den getrennten Disziplinen.

Aus dem Bezug der mathematischen Disziplinen auf verschiedenartige praktische Probleme werden die Unterschiede in ihrem

---

[1] Als jemand EUKLID nach dem Nutzen der Mathematik gefragt hatte, soll er einen Sklaven beauftragt haben, dem Mann ein paar Goldstücke zu geben: Der Arme hatte es offenbar nötig, aus der Wissenschaft Gewinn zu ziehen. Wenn das stimmt: Es ist jedenfalls lange her.

Aufbau, in ihren Beweispraktiken usw. verständlich. Es ist aber besonders bemerkenswert für das Verständnis der Welt, in der wir leben, daß hinter solchen Verschiedenheiten auffallende *Gemeinsamkeiten* im strukturellen Aufbau erkennbar sind.

Einer der ersten, der solche Bezüge erkannte, war der irische Mathematiker George BOOLE (1815–1864). RUSSELL hat seine Leistung einmal so gewürdigt:

> Pure Mathematics was discovered by BOOLE in a work called ›The Laws of Thought‹.

Reine Mathematik: Das ist die von den Bezügen auf die »Praxis« gelöste Theorie der Mengen und Strukturen. Es ist wohl übertrieben, wenn RUSSELL behauptet, sie sei von BOOLE *entdeckt* worden. Aber sicher ist, daß BOOLE wichtige Beiträge zur »Formalisierung« der Mathematik geleistet hat.

Bevor wir versuchen, die Gewinnung abstrakter Strukturen zu beschreiben, wollen wir einem naheliegenden Mißverständnis wehren: Die »reine« Mathematik ist nicht wirklichkeitsblind. Im Gegenteil: Wenn uns die wichtigen einfachen Strukturen der modernen Mathematik vertraut sind, entdecken wir immer neue Möglichkeiten, sie auf die Beschreibung der Natur oder von technischen Prozessen wieder und wieder anzuwenden.

Das soll im folgenden an *einem* besonders einfachen Beispiel deutlich gemacht werden.

2. Verknüpfungen

In der Menge $\mathbb{Z}$ der ganzen Zahlen,

$$\mathbb{Z} = \{\ldots, -3, -2, -1, 0, +1, +2, +3, +4, \ldots\},$$

ist eine Verknüpfung durch das Zeichen $+$ erklärt, die man *Addition* nennt. Es ist z. B.

$$(+3) + (+2) = (+5),$$
$$(-2) + (+1) = (-1),$$
$$(-3) + (-4) = (-7),$$

usf. Man kann sich diese Addition als eine Verschiebung auf der Zahlengeraden verdeutlichen (Abb. 2 auf S. 18).

Es gibt bei dieser Addition ein »neutrales« Element, die Zahl 0, mit der folgenden Eigenschaft

$a + 0 = a$

für alle Elemente a der Menge $\mathbb{Z}$.

Weiter ist die Addition »umkehrbar«. Das heißt: Sind a und b beliebige ganze Zahlen, so gibt es stets eine ganze Zahl x, für die

(1) $a + x = b$

erfüllt ist. Ist $a = (+5)$ und $b = (+2)$, so ist $x = (-3)$; ist $b = a$, so ist $x = 0$, usf.

Wir wollen anmerken, daß man für die Menge $\mathbb{N}$ der *natürlichen* Zahlen,

$$\mathbb{N} = \{1, 2, 3, 4, \ldots\},$$

diese Behauptung nicht aufstellen kann. Die Gleichung (1) ist ja für $a = 5$ und $b = 3$ in *natürlichen* Zahlen nicht auflösbar. Es gibt keine natürliche Zahl x, die die Gleichung $5 + x = 3$ erfüllt.

Merken wir schließlich noch an, daß für die Addition das sogenannte *assoziative Gesetz* erfüllt ist:

(2) $a + (b + c) = (a + b) + c,$

für alle $a, b, c \in \mathbb{N}$.

Kann man nun auch für die *Multiplikation ähnliche Gesetze* registrieren? Offenbar nicht für die Zahlmengen $\mathbb{Z}$ und $\mathbb{N}$. An die Stelle der Gleichung (1) würde ja die Aussage

(3) $a \cdot x = b$

treten. Es gibt aber nicht für beliebige ganze Zahlen a und b *immer* ein Element x mit der Eigenschaft (3). So ist z. B. die Gleichung

$5 \cdot x = 12$

in *ganzen* Zahlen x nicht auflösbar. Es liegt nahe, die Menge $\mathbb{Q}$ der rationalen Zahlen heranzuziehen. Aber die Gleichung (3) ist auch nicht für alle rationalen Zahlen a und b auflösbar. Ist $a = 0$, so können wir kein x finden, das die Gleichung (3) für $b \neq 0$ auflöst: $0 \cdot a$ ist ja immer 0.

Aber wenn wir die Null weglassen, kommen wir zum Ziel. Betrachten wir also die Menge[2]

$$\mathbb{Q}_0 = \mathbb{Q} \setminus \{0\}.$$

---

[2] $A \setminus B$ ist die Menge der Elemente, die zu A, aber nicht zu B gehören.

Offenbar hat diese Menge $\mathbb{Q}_0$ (mit Elementen $a, b, c, \ldots$) die folgende Eigenschaft:

G_1: Die Multiplikation in $\mathbb{Q}_0$ ist assoziativ:
$a \cdot (b \cdot c) = (a \cdot b) \cdot c$.

G_2: Es gibt ein neutrales Element n, so daß für alle $a \in \mathbb{Q}_0$
$a \cdot n = n \cdot a = a$ gilt.

G_3: Zu jedem Element $x \in \mathbb{Q}_0$ gibt es ein Element $y \in \mathbb{Q}_0$, das der Gleichung
$x \cdot y = n$ genügt.

Das »neutrale Element« n ist die Zahl 1. Es gilt ja

$a \cdot 1 = 1 \cdot a = a$.

Die Gültigkeit von G_3 ist leicht einzusehen. Ist x die rationale Zahl $\frac{a}{b}$, so ist $y = x^{-1} = \frac{b}{a}$, denn es ist ja

$$\frac{a}{b} \cdot \frac{b}{a} = 1.$$

Diese hier mit G_1, G_2, G_3 bezeichneten Eigenschaften gelten auch für die Addition in der Menge $\mathbb{Z}$ der ganzen Zahlen, wenn man nur das Zeichen $\cdot$ durch $+$, das Wort »Multiplikation« durch »Addition« und n durch die Zahl 0 ersetzt.

Wir wollen jetzt ein Beispiel für eine »Verknüpfung« aus dem Gebiet der Geometrie angeben, die entsprechende Eigenschaften hat.

Man nennt eine »gerichtete Strecke« $\overrightarrow{A_1 A_2}$ einen *Vektor*. Zwei Vektoren $\overrightarrow{A_1 A_2}$ und $\overrightarrow{B_1 B_2}$ heißen *äquivalent*, im Zeichen $\overrightarrow{A_1 A_2} \sim \overrightarrow{B_1 B_2}$, wenn

$A_1 A_2 \| B_1 B_2,\ A_1 B_1 \| A_2 B_2$

gilt (vgl. Abb. 10)[3]. Eine Menge zueinander äquivalenter Vektoren heißt eine *Äquivalenzklasse von Vektoren* oder auch ein *freier Vektor*. Man schreibt dafür $\{\overrightarrow{A_1 A_2}\}$ bzw. $\{\overrightarrow{B_1 B_2}\}$. Ein freier Vektor ist durch jedes seiner Elemente charakterisiert. Für die in der Abb. 10 dargestellten Vektoren ist z. B.

$$\{\overrightarrow{A_1 A_2}\} = \{\overrightarrow{B_1 B_2}\} = \{\overrightarrow{C_1 C_2}\} = \ldots = \boldsymbol{a}.$$

---

[3] Das Zeichen $\|$ bedeutet: parallel.

Es ist üblich, freie Vektoren durch fettgedruckte kleine lateinische Buchstaben zu bezeichnen.

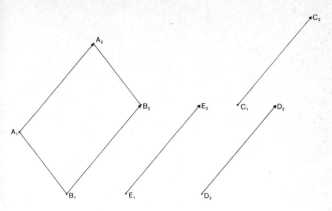

Abb. 10

Einen solchen freien Vektor kann man auch als eine *Abbildung* deuten, die in der Ebene eine *Parallelverschiebung* bewirkt: Die (in den Abbildungen durch Pfeile dargestellten) Vektoren ordnen den Punkten $A_1, B_1, C_1, \ldots$ die Punkte $A_2, B_2, C_2, \ldots$ zu:

a: $\boldsymbol{a}(A_1) = A_2,\ \boldsymbol{a}(B_1) = B_2, \ldots$

Solche Vektoren kann man *addieren*. Die Summe $\boldsymbol{c} = \boldsymbol{a} + \boldsymbol{b}$ ist die Funktion, die erst die Verschiebung durch **a**, dann die durch **b** vollzieht (Abb. 11a). Wir haben dann:

c: $\boldsymbol{c}(A_1) = (\boldsymbol{a}+\boldsymbol{b})A_1 = \boldsymbol{b}(\boldsymbol{a}(A_1)) = \boldsymbol{b}(A_2) = A_3.$

Es gibt auch hier ein »neutrales Element«. Das ist der Nullvektor **n**:

$$\boldsymbol{n} = \{\overrightarrow{AA}\} = \{\overrightarrow{BB}\} = \{\overrightarrow{CC}\} = \ldots$$

Er ordnet jeden Punkt der Ebene sich selbst zu. Offenbar ist für alle Vektoren **a**:

$\boldsymbol{a} + \boldsymbol{n} = \boldsymbol{n} + \boldsymbol{a} = \boldsymbol{a}.$

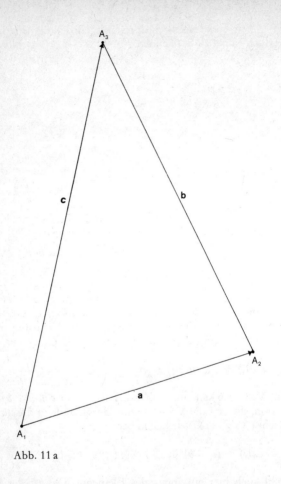

Abb. 11a

Die Vektoraddition ist »umkehrbar«. Das heißt: Zu irgend zwei Vektoren a und b gibt es stets genau einen Vektor x, für den

$$a + x = b$$

gilt. Das kann man an der Abb. 11b ablesen.

Bei unseren Beispielen ist einmal das Zeichen · (mal), sonst aber das Symbol + (plus) zur Charakterisierung der Verknüpfung aufgetreten. In anderen Fällen mag es noch ein anderes Zeichen sein. Wenn für solch eine Verknüpfung die den Aus-

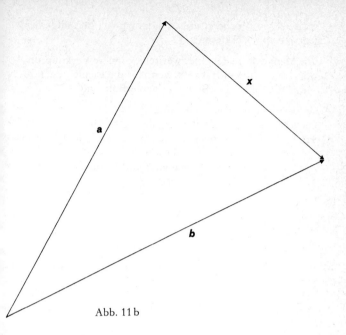

Abb. 11 b

sagen G_1, G_2, G_3 entsprechenden Gesetze erfüllt sind, sprechen wir von einer *Gruppe*.

Wir haben schon mehrfach das Wort *Verknüpfung* benutzt. Es ist geboten, diesen Begriff allgemein zu definieren:

Es sei M eine Menge mit Elementen $a, b, c, \ldots$ Eine Abbildung, die geordneten Paaren (a, b) ein wohlbestimmtes Element c aus M zuordnet,

$(a, b) \to c,$

heißt *eine (zweistellige) Verknüpfung in M*.

Beispiele für solche Verknüpfungen sind die uns vertrauten »Grundrechnungsarten«. Die Addition, die Multiplikation, aber auch Subtraktion und Division sind (z. B. in der Menge $\mathbb{Q}$ der rationalen Zahlen) Verknüpfungen. Durch

$a + b = c, \frac{a}{b} = d,$

wird doch in der Tat dem Zahlenpaar (a, b) eine dritte Zahl c (bzw. d) »zugeordnet«.

Nach diesen Vorbereitungen können wir den allgemeinen Begriff »Gruppe« erklären:

Eine Menge M, in der eine zweistellige innere Verknüpfung[4] $\circ$ erklärt ist, heißt eine *Gruppe*, wenn für die Elemente $a, b, c, \ldots$ von M die folgenden Bedingungen erfüllt sind:

G_1: Es gilt das assoziative Gesetz
$a \circ (b \circ c) = (a \circ b) \circ c$ für alle $a, b, c \in M$.

G_2: Es gibt ein neutrales Element n aus M mit der Eigenschaft
$a \circ n = n \circ a = a$ für alle $a \in M$.

G_3: Zu irgend zwei Elementen a und b von M gibt es ein x aus M mit der Eigenschaft
$a \circ x = b$.

Nach dieser Erklärung sind

$(\mathbb{Z}, +), (\mathbb{Q} \setminus \{0\}, \cdot), (\mathfrak{B}, +)$

Gruppen. Dabei steht $\mathfrak{B}$ für die Menge der freien Vektoren einer Ebene.

Alle bisher betrachteten Mengen hatten unendlich viele Elemente. Es gibt aber auch *endliche Gruppen*. Wir geben dafür noch einige Beispiele.

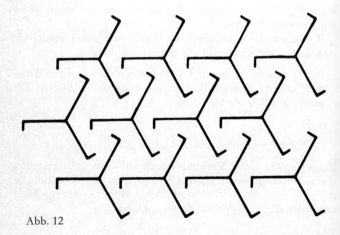

Abb. 12

---

[4] Wir benutzen hier das Zeichen $\circ$ für die Verknüpfung. Im Einzelfall kann dafür $+$ oder ein anderes Symbol stehen.

Die Abb. 12 zeigt ein Band mit Ornamenten. Man kann die Symmetrieeigenschaften der einzelnen Figuren dieser Abbildung so beschreiben: Dreht man ein solches »Dreibein« um 120° oder um 240° (um den Mittelpunkt), so kommt die Figur mit sich selbst zur Deckung. Abb. 13 zeigt den Sachverhalt in einer schematischen Zeichnung. Die möglichen Drehungen führen die Sektoren mit den Nummern 1, 2, 3 in die Sektoren 2, 3, 1 bzw. 3, 1, 2 über:

(4) $\quad \begin{array}{l} 1 \to 2,\ 2 \to 3,\ 3 \to 1; \\ 1 \to 3,\ 2 \to 1,\ 3 \to 2. \end{array}$

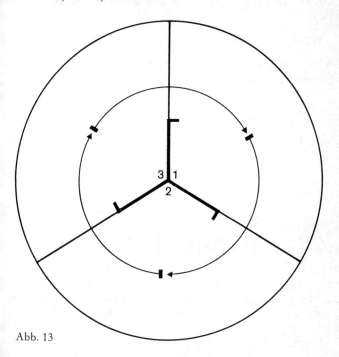

Abb. 13

Durch (4) sind zwei Abbildungen der Menge $\{1, 2, 3\}$ auf sich erklärt, die man auch als *Substitutionen* schreiben kann:

(4′) $\quad d_1 = \begin{pmatrix} 1 & 2 & 3 \\ 2 & 3 & 1 \end{pmatrix},\ d_2 = \begin{pmatrix} 1 & 2 & 3 \\ 3 & 1 & 2 \end{pmatrix}.$

In dieser Darstellung steht das Bild unter dem Original: d_1 ordnet der Zahl 1 die 2 zu. 3 ist das Bild von 2 und 1 das von 3, wie es in der oberen Zeile von (4) beschrieben ist. d_2 dagegen ist eine andere Darstellung der durch die 2. Zeile von (4) gegebenen Abbildung.

Führt man zwei Drehungen hintereinander aus, so erhält man eine neue Zuordnung der Sektoren, die man wieder durch eine Substitution beschreiben kann. Unabhängig von der geometrischen Deutung kann man einfach die durch die Vorschriften (4) bzw. (4′) gegebenen Zuordnungen hintereinander ausführen. Solche »Verknüpfungen« kann man durch das Zeichen o darstellen:

$$d_1 \circ d_1,\ d_1 \circ d_2 \text{ usw.}$$

Wendet man die Zuordnung d_1 zweimal hintereinander an, so hat man:

$$d_1 \circ d_1: \begin{array}{l} 1 \to 2 \to 3, \\ 2 \to 3 \to 1, \\ 3 \to 1 \to 2, \end{array}$$

oder

(5) $\quad d_1 \circ d_1 = d_1^2 = \begin{pmatrix} 1 & 2 & 3 \\ 3 & 1 & 2 \end{pmatrix} = d_2.$

Weiter ist[5]

(6) $\quad d_1 \circ d_2 = \begin{pmatrix} 1 & 2 & 3 \\ 2 & 3 & 1 \end{pmatrix} \circ \begin{pmatrix} 2 & 3 & 1 \\ 1 & 2 & 3 \end{pmatrix} = \begin{pmatrix} 1 & 2 & 3 \\ 1 & 2 & 3 \end{pmatrix} = n.$

Dabei steht n für die »Identität« (das »neutrale« Element).

Nach (5) und (6) können wir die bisher betrachteten Substitutionen d_1, d_2, n auch mit $d(=d_1)$, $d^2(=d \circ d)$ und $d^3(=n)$ bezeichnen.

Statt zweimal um 120° (oder einmal um 240°) zu drehen, kann man auch einmal um 120° im entgegengesetzten Sinne (im Uhr-

---

[5] Im allgemeinen schreiben wir die Zahlen in der oberen Zeile einer Substitution in der natürlichen Reihenfolge. Aber man ändert die funktionale Zuordnung nicht, wenn man die Zahlen in der oberen Zeile permutiert und dabei die zugeordneten Zahlen der zweiten Reihe »mitnimmt«. So ist z. B.
$$d_2 = \begin{pmatrix} 1 & 2 & 3 \\ 3 & 1 & 2 \end{pmatrix} = \begin{pmatrix} 2 & 3 & 1 \\ 1 & 2 & 3 \end{pmatrix}.$$

zeigersinn!) drehen. Man bezeichnet die dieser Drehung entsprechende Substitution mit d^{-1} und hat dann:

$$d^{-1} = d^2: \begin{array}{l} 1 \to 3, \\ 2 \to 1, \\ 3 \to 2. \end{array}$$

Drehen wir einmal um 120° nach links und einmal nach rechts, so erhält man natürlich wieder die Identität. Mit unserem mathematischen Formalismus können wir das so beschreiben: Es ist

$$d \circ d^{-1} = n.$$

Auch für d^2 gibt es eine »Umkehrung«. Offenbar ist

$$(d^2)^{-1} = d^{-2} = d.$$

Weiter gilt

$$d^4 = d, \; d^5 = d^2, \; d^6 = n \text{ usf.}$$

Deshalb können wir unsere Untersuchungen über die Drehungen auf die Elemente der Menge $M = \{d, d^2, d^3\}$ beschränken.

Man überzeugt sich leicht, daß diese Menge M mit der Verknüpfung eine *Gruppe* bildet.

Die Baukunst ist reich an Beispielen mit Ornamenten, deren drehsymmetrische Eigenschaften durch Gruppen von Substitutionen beschrieben werden können. Man denke etwa an die Rosetten in gotischen Domen. Die Abb. 14 zeigt ein Bild aus Dürers ›Underweysung der messung‹: Ein reguläres Fünfeck, dessen drehsymmetrische Eigenschaften durch eine Gruppe mit 5 Elementen beschrieben werden können.

Man könnte noch viele weitere Beispiele aus den verschiedenen Disziplinen der Mathematik für das Auftreten von *Gruppen* zusammentragen. Es erscheint deshalb zweckmäßig, diese durch die auf S. 96 mitgeteilten »Gruppenaxiome« festgelegte Struktur näher zu untersuchen. Lehrsätze der »Gruppentheorie« (also Folgerungen aus den Gruppenaxiomen) sind ja in den verschiedensten Gebieten der Mathematik anwendbar.

Es gibt aber in der Mathematik noch andere, immer wieder vorkommende Typen von »Mengen mit Verknüpfungen«: Verbände, Ringe, Integritätsbereiche, Körper usw.[6]. Das Studium solcher »Strukturen« hat den Vorteil, daß es Ergebnisse zeitigt,

---

[6] Näheres darüber z. B. in [8].

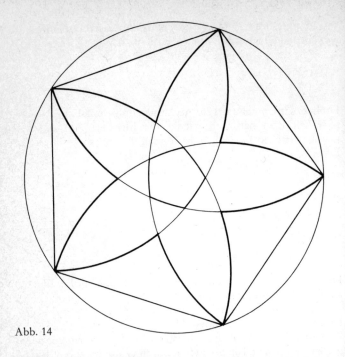

Abb. 14

die wieder und wieder anwendbar sind, und zwar in Disziplinen, die (anscheinend) nichts miteinander zu tun haben.

Die sich hier ergebenden Vorteile zu einer Systematisierung mathematischer Aussagen ergeben sich aber aus der Anwendung des Mengenbegriffs. Tatsächlich sind uns ja die Mengen unmittelbar gegeben: Wir erkennen Mengen von Bäumen, von Steinen, von Tieren usf. Der *Zahlbegriff* stellt sich erst später ein, und es liegt nahe, ihn aus dem unmittelbar gegebenen Begriff der Menge herzuleiten.

3. Relationen

Wir haben bereits mehrfach von mathematischen *Strukturen* gesprochen. Um diesen Begriff präzis festzulegen, wollen wir den Begriff der *Relation* erklären. Das Wort Relation kommt ja auch in der Umgangssprache häufig vor. Was ist eine »Relation«?

Wir lesen in Dudens Fremdwörterbuch:

1) Beziehung, Verhältnis. 2) veralt. für: Bericht, Mitteilung. 3) Gleichung, die Beziehungen von Unbekannten ausdrückt (Math.).

Die Wörter »Beziehung«, »Verhältnis« sind eher eine Übersetzung als eine Definition. Lassen wir den »veralteten« Punkt 2) beiseite und versuchen wir, die »mathematisch« gemeinte Erklärung 3) zu verstehen. Gemeint ist offenbar, daß eine Gleichung wie

(7) $\quad x + y = 17$

eine »Relation« zwischen den »Unbekannten« x und y definiert. Aber wir gebrauchen doch in der Mathematik das Wort »Relation« auch in anderen Fällen. Wir sprechen etwa von einer »Ordnungsrelation« zwischen den natürlichen Zahlen, die durch das Zeichen $<$ beschrieben wird: $2 < 3$. Und in der Geometrie ist doch durch Aussagen wie

(8) $\quad ABC \equiv A'B'C', \quad g \| h$

eine *Relation* zwischen Dreiecken bzw. Geraden festgelegt: Ein Dreieck ist zum anderen kongruent, die Gerade g zur Geraden h parallel.

Gibt es etwas Gemeinsames an all diesen »Relationen« zwischen zwei Elementen, das uns zur Definition des Begriffes dienen kann? Offenbar geht es doch immer darum, daß für *Paare von Elementen einer Menge* etwas ausgesagt wird: Für Paare von reellen Zahlen x, y, für Paare von Dreiecken, von Geraden, von natürlichen Zahlen. Wir können hinzufügen, daß es im allgemeinen um *geordnete Paare* geht. Für die Zahlen 2 und 3 gilt $2 < 3$, nicht aber $3 < 2$. Die Kleiner-Relation legt also in der Menge $\mathbb{N}$ der natürlichen Zahlen geordnete Paare fest. Für gewisse Paare gilt die Relation, für andere nicht. Sie gilt für die Paare $(2,3), (4,7), (6,10)$, nicht aber die Paare $(3,2), (10,7), (9,1)$.

Um den Begriff der Relation bequem erklären zu können, führen wir zunächst das *kartesische Produkt* ein.

Die Menge $M \times M = \{(a,b) \mid a \in M, b \in M\}$
der geordneten Paare von Elementen a, b einer Menge M heißt das *kartesische Produkt der Menge M mit sich selbst*.

Die Menge $X \times Y = \{(x,y) \mid x \in X, y \in Y\}$
der geordneten Paare (x,y) von Elementen $x \in X$, $y \in Y$ heißt das *kartesische Produkt der Mengen X und Y*.

Geben wir einige Beispiele!

Es sei

$$A = \{1, 2, 3\}, \quad B = \{a, b\}.$$

Dann ist

$$A \times B = \{(1, a), (1, b), (2, a), (2, b), (3, a), (3, b)\},$$
$$B \times B^* = \{(a, a), (a, b), (b, a), (b, b)\}.$$

Für unendliche Mengen A, B sind natürlich auch die kartesischen Produkte $A \times B$, $A \times A$, $B \times A$, $B \times B$ unendlich. Das kartesische Produkt für die Menge $\mathbb{R}$ der reellen Zahlen mit sich selbst ist z. B. die Menge der geordneten Paare (x, y), $x \in \mathbb{R}$, $y \in \mathbb{R}$. An dieser Stelle wird auch die Bezeichnung »kartesisches Produkt« klar: DESCARTES hat ja die analytische Geometrie (der Ebene) durch die Einführung von Paaren reeller Zahlen als »Koordinaten« für die Punkte der Ebene begründet. Und nun können wir erklären:

> Eine (zweistellige) Relation in einer Menge M ist eine Teilmenge des kartesischen Produktes $M \times M$.

So einfach ist das. In der Tat umfaßt diese Definition alle bisher betrachteten Beispiele von Relationen. Nehmen wir die $<$-Relation für natürliche Zahlen! Für die oben erklärte Menge A ist das kartesische Produkt

$$A \times A = \{(1,1), (1,2), (1,3), (2,1), (2,2), (2,3), (3,1), (3,2), (3,3)\}.$$

Die Kleiner-Relation ist dann:

(9) $\quad < \; = \{(1, 2), (1, 3), (2, 3)\},$

eine Teilmenge von $A \times A$. Sie umfaßt alle die Paare, für die die Aussage $m < n$ richtig ist. Die Schreibweise (9) ist für manche Leser gewiß neu. Aber sie ist doch vernünftig: Es gilt $m < n$ ($m \in A$, $n \in A$) genau dann, wenn (m, n) zur Menge $<$ gehört, die durch (9) gegeben ist.

4. Topologische Räume

Um den heute so wichtigen Begriff der »mathematischen Struktur« in voller Allgemeinheit erklären zu können, brauchen wir noch den Begriff des (*topologischen*) *Raumes*.

In den letzten Jahrzehnten sind viele Bücher über das Raumproblem geschrieben worden. Dazu bestand auch guter Anlaß: Die Konzeptionen der Philosophen (auch KANTs Lehre vom Raum als »Anschauungsform«) waren in Frage gestellt worden durch die modernen Theorien der Physiker und Astronomen. Ja, bereits die Begründung einer »nichteuklidischen« Geometrie im 19. Jh. war Grund genug, die Frage nach dem Wesen des Raumes neu zu stellen.

Es ist nicht unsere Aufgabe, an dieser Stelle etwa zur Frage der »Realgeltung« der euklidischen oder einer nichteuklidischen Geometrie Stellung zu nehmen. Auch die EINSTEINschen Ideen über die Krümmung des Raumes durch die Materieverteilung sind nicht Gegenstand unserer »Einführung«.

Wir wollen Verständnis wecken für die mathematische Strukturenlehre. Bei dieser Betrachtungsweise ist für uns ein »Raum« eine Struktur ähnlich wie die Gruppe oder der Verband. Unter gewissen Voraussetzungen nennen wir eine Menge M einen »Raum«. Die Gesetzlichkeiten dieses Raumes können dann aus den Axiomen deduziert werden, die für den Raum (die Menge M) gelten sollen. Die gewiß interessante Frage, ob eine solche mathematische Struktur für die Beschreibung bestimmter physikalischer Beobachtungen geeignet sei, kann in einer einführenden Schrift der »reinen« Mathematik beiseite gelassen werden.

Tatsächlich stehen natürlich die Bezeichnungen der mathematischen Strukturen in einem gewissen Zusammenhang mit ihren Anwendungsbereichen. Der Mathematiker nennt eine Menge M gerade dann einen »Raum«, wenn sie gewisse Eigenschaften hat, die uns aus dem physikalischen Raum vertraut sind. Für die weitere Gestaltung der Theorie kommt es aber nicht mehr auf diese Bezüge zur Anschauung an, sondern nur auf die Axiome der Struktur und die Folgerungen, die sich aus ihnen ziehen lassen. Eine der grundlegenden Eigenschaften des physikalischen Raumes ist durch die Tatsache gegeben, daß jeder Punkt eine *Umgebung* hat. Als *Umgebung eines Punktes P* wird man gewisse Teilmengen des Raumes bezeichnen, die P als Element enthalten. Man kann z. B. sagen, daß es für jeden Punkt P des euklidischen Raumes Kugeln mit dem Mittelpunkt P gibt, die ganz zum Raum gehören. Dabei wollen wir unter einer *Kugel vom Radius r* und dem Mittelpunkt P die Menge der Punkte verstehen, die von P einen Abstand haben, der kleiner als r ist. Wir meinen also hier mit dem Wort *Kugel nicht eine Fläche*, sondern eine *offene Vollkugel*.

Man kann nun verabreden, daß solche Kugeln »*Umgebungen* des Punktes *P*« heißen sollen. Diese Umgebungen haben, wie man sofort einsieht, die folgenden Eigenschaften:

1. Jeder Punkt *P* ist in jeder zu *P* gehörenden Umgebung (also in jeder Vollkugel mit dem Mittelpunkt *P*) als Element enthalten.
2. Von zwei Umgebungen $\mathfrak{U}_1(P)$ und $\mathfrak{U}_2(P)$ ist eine Teilmenge der anderen.
3. Ist *Q* ein Punkt einer Umgebung $\mathfrak{U}(P)$, so gibt es mindestens eine Umgebung $\mathfrak{U}(Q)$ des Punktes *Q*, die ganz in $\mathfrak{U}(P)$ enthalten ist. (Abb. 15)

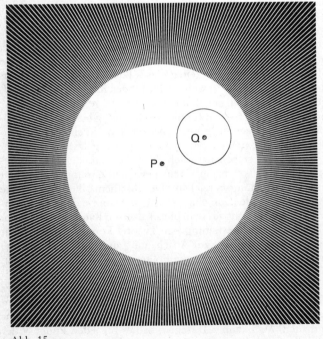

Abb. 15

Man kann nun diese drei Eigenschaften der »Umgebung« herausgreifen, um den allgemeinen Begriff des *topologischen Raumes* zu erklären. Die Eigenschaft 2 wird dabei durch eine etwas allgemeinere Aussage ersetzt.

Erklärung:

Eine Menge M heißt ein *topologischer Raum*, wenn zu jedem Element $a \in M$ mindestens eine (»Umgebung« genannte) Teilmenge $U(a) \subset M$ existiert, die folgende Eigenschaften hat:

T_1: Jedes Element a ist in jeder seiner Umgebungen $U(a)$ als Element enthalten: $a \in U(a)$.

T_2: Zu zwei Umgebungen $U_1(a)$ und $U_2(a)$ gibt es stets eine Umgebung $V(a)$, die im Durchschnitt von $U_1(a)$ und $U_2(a)$ enthalten ist: $V(a) \subset U_1(a) \cap U_2(a)$.

T_3: Ist b ein Element aus einer Umgebung $U(a)$, so gibt es mindestens eine Umgebung $U(b)$, die in $U(a)$ enthalten ist: $U(b) \subset U(a)$.

Die Elemente eines solchen topologischen Raumes heißen *Punkte*.

Danach ist der euklidische dreidimensionale Raum ein topologischer Raum, in dem die Vollkugeln mit dem Mittelpunkt P als Umgebungen von P gelten können. Das ist aber keineswegs die einzige Möglichkeit, den Begriff der »Umgebung« im euklidischen Raum zu fixieren. Man kann auch die *Polyedermengen*[7] (die P *im Innern* enthalten) zu Umgebungen von P erklären. Bedingung T_2 ist erfüllt, weil zwei P im Innern enthaltende Polyedermengen offenbar als Durchschnitt wieder eine (P enthaltende) Polyedermenge haben.

Unser Begriff »topologischer Raum« ist nicht an eine Dimension gebunden. Wir können auch die Menge der Punkte einer Ebene oder einer Geraden zu einem topologischen Raum machen, oder auch die Menge der Punkte, die im Innern eines gewissen Kreises liegen. Wir müssen nur den Begriff der Umgebung geeignet definieren. Im Falle der Ebene (oder des offenen Kreises) kann man Kreisscheiben mit dem Mittelpunkt P als »Umgebung des Punktes P« einführen. Für die Geraden sind offene Intervalle (die P im Innern enthalten) geeignete Teilmengen, die man zu Umgebungen deklarieren kann. In allen Fällen sind, wie man sich leicht überzeugt, die Axiome T_1, T_2, T_3 erfüllt.

Die *Topologie*[8] (eine der wichtigsten modernen Disziplinen der Mathematik) beschäftigt sich nun meist nicht mit so »harmlosen« topologischen Räumen. Unsere oben gegebene Definition läßt noch ganz andere Beispiele von Mengen mit einer topologischen Struktur (oder: topologische Räume) zu. Wir können

---

[7] Eine Polyedermenge ist die Menge der Punkte im Innern eines Polyeders.

[8] Die Theorie der topologischen Räume.

hier diesen vielfältigen Möglichkeiten nicht weiter nachgehen. Darauf kommt es aber an: es gibt

(10) *Mengen mit Relationen,*
Mengen, in denen Verknüpfungen definiert sind,
Mengen mit einer topologischen Struktur (topologische Räume).

Wir können im letzten Fall auch sagen, daß in der Menge gewisse Mengen von Teilmengen ausgezeichnet sind: die *Umgebungen*[9].

5. Die Grundstrukturen

Die verschiedenen Möglichkeiten der Strukturbildung sind in der Abb. 16 schematisch dargestellt.
Abb. 16a zeigt zunächst eine Menge ohne Struktur:

$$M = \{①, ②, ③, ④, ⑤\}.$$

In Abb. 16b sind Pfeile eingezeichnet, die von ① nach ② zeigen, von ② nach ③, usf. Auf diese Weise erhält die bisher »amorphe« Menge eine »Struktur«: Ihre Elemente sind *geordnet*. Diese durch Pfeile angedeutete Ordnung ist übrigens gerade die natürliche Ordnung der Zahlen: Zeigt ein Pfeil von a nach b, so ist b der *Nachfolger* von a (beim Zählen). Bezeichnet man die »Nachfolgerrelation« mit N, so gilt $a\mathrm{N}b$, wenn b der Nachfolger von a ist. Diese Relation N mit der Bedeutung

$a\mathrm{N}b$: b ist der Nachfolger von a

ist in der Abb. 16b durch die Pfeile verdeutlicht.

Wir können in unserer Menge M aber auch eine *Verknüpfung* erklären, etwa durch das in Abb. 16c dargestellte Schema. Man liest daraus etwa ab, daß

$$② \circ ② = ③, \quad ③ \circ ② = ①$$

gilt[10].

Schließlich können wir, wie in Abb. 16d angedeutet, in M gewisse *Teilmengen auszeichnen*. In den drei Fällen b, c, d hat M eine *Struktur*.

---

[9] Man kann auch andere Typen von Teilmengen auszeichnen, die *offenen Mengen*. Vgl. z. B. [8], Kap. VIII.

[10] Der erste Faktor steht in der ersten senkrechten, der zweite in der ersten wagerechten Zeile. Das »Produkt« $a \circ b$ steht dann im zugehörigen Quadratfeld. Man überlegt sich leicht, daß $(M, \circ)$ nicht etwa eine *Gruppe* (vgl. S. 96) ist. Warum?

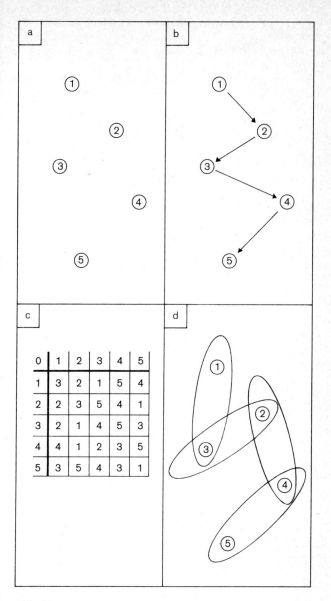

Abb. 16

Eine *mathematische Struktur* ist also eine *Menge mit (mindestens) einer der unter (10) notierten Eigenschaften*. Mengen mit *Verknüpfungen* oder (bzw. und) *Relationen* heißen *algebraische Stukturen*; die Mengen mit den ausgezeichneten Teilmengen nennen wir *topologische Strukturen*.

Was ist nun der Sinn dieser neuen Definitionen? Man bemerkt sofort, daß es sehr einfache Strukturen gibt. Die Gesetze einer Gruppe sind in vielen Fällen (vgl. S. 96) ganz leicht zu durchschauen, und auch die Ordnungsrelation etwa der natürlichen Zahlen ist leicht zu beschreiben.

Ganz anders ist es in jenen mathematischen Disziplinen, die ihren Ursprung in gewissen praktischen Problemen haben. Nehmen wir etwa als Beispiel die Differential- und Integralrechnung. Die Fragestellung geht von physikalischen (NEWTON) oder geometrischen Problemen (LEIBNIZ) aus. Man muß also etwas von den Gesetzen der Bewegung oder vom Tangentenproblem verstehen, um den Begründern der Infinitesimalrechnung folgen zu können.

Aber das ist noch nicht alles. Wir haben es in jedem Fall auch mit *Zahlen* zu tun, und zwar mit *reellen Zahlen*. Eine saubere Theorie dieser Zahlen ist überhaupt erst im 19. Jh. von den Anhängern der WEIERSTRASSschen »Berliner Schule« entwickelt worden[11]. Um die Gesetze der reellen Zahlen zu beschreiben, braucht man *Relationen und Verknüpfungen*: Die Menge $\mathbb{R}$ der reellen Zahlen ist ja *geordnet* durch die Relation $<$. Es sind in $\mathbb{R}$ Verknüpfungen definiert: Die vier »Grundrechnungsarten«. Zur vollständigen Beschreibung von $\mathbb{R}$ (und der Teilmengen von $\mathbb{R}$) brauchen wir aber auch *topologische Strukturen*. Man kann ja $\mathbb{R}$ selbst als topologischen Raum deuten (mit offenen Intervallen als Umgebungen). Zur Fundierung der Infinitesimalrechnung brauchen wir gerade die *topologischen* Eigenschaften von $\mathbb{R}$.

Wenn man also die Differential- und Integralrechnung exakt begründen will, kann man nicht einfach mit dem Bewegungsproblem anfangen (oder mit dem Tangentenproblem) und dann die Lösung auf ein paar Seiten entwickeln. Wer so verfährt, benutzt schlecht fundierte Elemente einer Anschauung, die gerade zur Lösung infinitesimaler Probleme schlecht geeignet ist[12].

---

[11] Eine erste Theorie der reellen Zahlen verdankt man Georg CANTOR, dem Begründer der Mengenlehre. Vgl. z. B. [10], Kap. II.

[12] Man lese dazu den Bericht, den der »Urwandervogel« Hans BLÜHER in seiner Biographie über den Mathematikunterricht am Steglitzer Gymnasium gibt. Näheres in [12], S. 79.

Da ist es doch schon besser, zunächst einmal die Gesetze der »Grundstrukturen« zu studieren, die Ordnung der (natürlichen, der rationalen und dann erst der reellen) Zahlen zu beschreiben und ihre Verknüpfungen zu untersuchen. Dann folgt das Studium der topologischen Eigenschaften der Menge ℝ, und *erst dann* kann man an eine Theorie des Differentialquotienten denken. Die mengentheoretische Denkweise hat einen solchen Aufbau der Mathematik aus Grund- oder Mutterstrukturen ermöglicht. Es ist dies der Grundgedanke des BOURBAKI-Kreises: Erst die Mutterstrukturen entwickeln und dann die klassischen Disziplinen der Mathematik am »Kreuzweg« der Grund- oder Mutterstrukturen ansiedeln. Schon für die Theorie der reellen Zahlen braucht man alle drei Typen von Grundstrukturen.

6. Aussagenlogik

Eine der wichtigsten mathematischen Strukturen ist die *Aussagenlogik*. In früheren Zeiten galt die Logik als eine rein philosophische Disziplin. Natürlich mußte der Mathematiker bei seinen Deduktionen nach den Gesetzen der Logik verfahren. Aber die Gesetzlichkeiten der Logik selbst waren nicht Gegenstand der Mathematik.

LEIBNIZ hat wohl als erster den Gedanken gehabt, den mathematischen Formalismus zu ergänzen durch eine *formale* Logik:

> Als ich noch als Knabe nur die Lehrsätze der gewöhnlichen Logik kannte und die Mathematik mir fremd war, entstand mir, ich weiß nicht durch welche Eingebung, der Gedanke, man könne eine Analysis der Begriffe erfinden, mit deren Hilfe durch Kombination die Wahrheiten ausgedrückt und gleichsam mittels Zahlen berechnet werden könnten. Es ist ergötzlich, sich jetzt daran zu erinnern, durch welche, wenn auch kindliche Gründe, ich zur Ahnung einer so großen Sache gekommen bin.

LEIBNIZ ist über diese »Ahnung einer großen Sache« nicht hinausgegangen. Erst Jahrhunderte später hat George BOOLE eine »Algebra der Begriffe« entwickelt. Seine 1854 erschienene Schrift »Laws of Thought« gilt als der Ursprung der heute weit entwickelten »formalen« oder »mathematischen« Logik.

Wir müssen uns versagen, die Überlegungen des irischen Forschers hier im einzelnen wiederzugeben. Wir wollen nur verständlich machen, in welcher Weise heute die formale Logik als mathematische Struktur gedeutet wird, denn die Aussagenlogik und die allgemeinere *Prädikatenlogik* sind wichtige Hilfsmittel der modernen Grundlagenforschung geworden.

Auch in der Aussagenlogik geht es um Mengen, diesmal um Mengen von Aussagen, deren Elemente wir durch große lateinische Buchstaben bezeichnen. Etwa so:

A: Die Erde ist ein Planet der Sonne.
B: $2 \cdot 2 = 5$.
C: $3^2 + 4^2 = 5^2$.
D: Die Winkelsumme im Dreieck ist gleich zwei Rechten.
E: 10 ist eine Primzahl.

Wir setzen voraus, daß für jede unserer Aussagen feststeht, ob sie wahr ist oder falsch. *Woher* wir diese Einsicht haben, steht im Bereich der formalen Logik nicht zur Diskussion.

Von den hier gegebenen Beispielen sind offenbar die Aussagen B und E *falsch*. Die anderen sind wahr[13].

Die Negation einer Aussage X wird durch $\neg X$ (lies: non X) bezeichnet. $\neg X$ ist genau dann wahr, wenn X falsch ist. So ist z. B. für die vorhin eingeführte Aussage B die Negation wahr:

$\neg B$: $\neg (2 \cdot 2 = 5)$.

Dafür schreibt man übrigens einfacher:

$$2 \cdot 2 \neq 5.$$

Aussagen können durch *logische Zeichen* verknüpft werden. Wir nennen zunächst die Zeichen für *und* ($\wedge$) und für *oder* ($\vee$).

$K := A \wedge B$

ist genau dann wahr, wenn A und B beide wahr sind.

$L := A \vee B$

ist genau dann wahr, wenn mindestens eine der beiden Aussagen A bzw. B wahr ist. Für unsere oben angeführten Beispiele sind demnach

$A \wedge C, A \wedge D, A \vee B, B \vee C, C \vee D$

wahre Aussagen; dagegen sind die Aussagen $B \vee E$ und $A \wedge E$ *falsch*.

[13] Für D gilt das unter der Voraussetzung, daß die Axiome der *euklidischen* Geometrie gelten.

Man beachte, daß im allgemeinen Sprachgebrauch die Konjunktion *oder* nicht immer in dem hier festgelegten Sinne gebraucht wird. Das *oder* der Umgangssprache steht manchmal für *entweder-oder* (aut-aut), manchmal im Sinne des lateinischen *vel*. Wenn der Polizist einem Einbrecher zuruft:

Hände hoch, *oder* ich schieße!

so meint er, daß genau eines von beiden passieren wird. Wenn aber der Text auf den Banknoten diejenigen bedroht, die Banknoten

nachmachen *oder* verfälschen,

so gilt diese Warnung natürlich auch für jemanden, der beides tut: Nachmachen *und* verfälschen.

Die Umgangssprache ist also ungenau. Unser logisches Zeichen ∨ ist dagegen unmißverständlich erklärt durch die oben notierte Festsetzung über den Wahrheitswert von $A \vee B$. Das Zeichen ∨ entspricht danach dem lateinischen »vel«.

Es sind noch weiter in der Aussagenlogik die Symbole ⇒ und ⇔ üblich. Es steht[14]

(11) $A \Rightarrow B$: A impliziert B

für $\neg A \vee B$. Entsprechend heißt:

(12) $A \Leftrightarrow B$: A äquivalent B,

daß beide Aussagen den *gleichen Wahrheitswert* haben, daß also (12)

(12′) $(A \wedge B) \vee (\neg A \wedge \neg B)$

bedeutet. Damit sind die Wahrheitswerte w und f (wahr und falsch) für die Aussagenkombinationen mit den vier Symbolen ∧, ∨, ⇒, ⇔ festgelegt. Der Übersichtlichkeit wegen stellen wir sie noch in einer Tabelle zusammen:

(13)

A	B	$A \wedge B$	$A \vee B$	$A \Rightarrow B$	$A \Leftrightarrow B$
w	w	w	w	w	w
w	f	f	w	f	f
f	w	f	w	w	f
f	f	f	f	w	w

---

[14] Man liest auch: *Wenn A, so B*.

Wir wollen die Aussage dieser Tabelle (13) an einem Beispiel erläutern. Es sei A falsch und B wahr (dritte Zeile). Dann ist nach der Tabelle $A \Rightarrow B$ *wahr*. In der Tat: $A \Rightarrow B$ steht ja (s. o.!) für $\neg A \vee B$. Ist A falsch, so ist $\neg A$ wahr, also ist $\neg A \vee B$ gewiß eine wahre Aussage.

Wir müssen noch anmerken, daß die Symbole der Logik in der Literatur leider nicht einheitlich sind. Man findet gelegentlich auch andere Zeichen.

Es liegt im Wesen der NEW MATH, daß sie immer wieder Gemeinsamkeiten in verschiedenen Disziplinen der Mathematik entdeckt und diese als spezielle Strukturen beschreibt. Die Aussagenlogik kann *verbandstheoretisch* gedeutet werden[15]. Wir haben hier Gesetzlichkeiten, wie sie ähnlich in der Mengentheorie auftreten. Es soll das hier nur an einem Beispiel verdeutlicht werden.

Die DE MORGANschen Gesetze der Aussagenlogik besagen für zwei Aussagen A und B:

(14) $\neg (A \wedge B) \Leftrightarrow \neg A \vee \neg B$,
(15) $\neg (A \vee B) \Leftrightarrow \neg A \wedge \neg B$.

Man kann sich die Aussagen dieser logischen Formeln leicht so plausibel machen: $A \wedge B$ ist genau dann falsch, wenn mindestens eine der beiden Aussagen falsch ist. $A \vee B$ ist genau dann falsch, wenn beide Aussagen A und B falsch sind.

Die Formeln (14) und (15) können mit Hilfe der Tabelle (13) *bewiesen* werden. Man erkennt leicht, daß tatsächlich die rechts und links vom Äquivalenzzeichen $\Leftrightarrow$ stehenden Ausdrücke für alle möglichen Kombinationen der Wahrheitswerte den gleichen Wahrheitswert haben.

Diese Formeln haben nun ein bemerkenswertes Äquivalent in der Mengengeometrie. Betrachten wir *Punktmengen $A, B, C, \ldots$*, die Teilmengen einer gewissen Menge M sind. M kann z. B. eine fest gewählte Ebene sein. Dann steht A^* für das *Komplement* von A, also für $M \setminus A$. Ist für ein Element x aus M die Aussage $x \in A$ falsch, so ist $x \in A^*$ wahr (und umgekehrt). Deshalb steht der Stern für das Komplement in Analogie zum Negationszeichen der Logik. Es gibt daher in der Mengengeometrie analoge Aussagen zu (14) und (15):

(16) $(A \cap B)^* = A^* \cup B^*$,
(17) $(A \cup B)^* = A^* \cap B^*$.

[15] Vgl. dazu z. B. [9], Kap. VII.

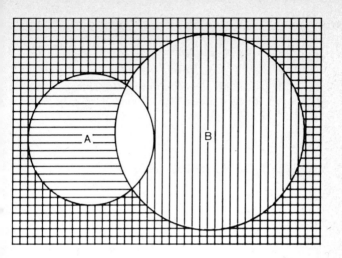

Abb. 17

Man kann das an Abb. 17 veranschaulichen: Die Komplemente A^* und B^* sind durch (verschieden gerichtete) Schraffur bezeichnet. Nur der Durchschnitt $A \cap B$ ist frei von Schraffur. $A^* \cap B^*$ ist doppelt schraffiert.

(16) besagt nun: *Die schraffierte Fläche ist die Vereinigung der Komplemente A^* und B^**. Und (17) kann so gedeutet werden: *Doppelt schraffiert sind jene Teile der Ebene, die weder zu A noch zu B gehören*.

Wir müssen darauf verzichten, die Grundlagen der Aussagenlogik weiter auszubauen. Es soll aber noch angemerkt werden, daß zur Formalisierung der Mathematik das Verfahren der Aussagenlogik nicht hinreicht. Wir brauchen eine Verfeinerung der Methoden durch den *Prädikatenkalkül*. Die Aussagen $A, B, C \ldots$ der bisher benutzten logischen Formeln waren ja *ganze Sätze*, in denen das Subjekt nicht besonders bezeichnet war. Es ist aber zuweilen angebracht, Aussagen $P(x), Q(x), \ldots$ in Abhängigkeit von Elementen x (einer gewissen Menge) zu betrachten. Es mag z. B. $P(x)$ bedeuten:

$P(x)$: x ist eine Primzahl.

$P(5)$ ist eine wahre, $P(6)$ eine falsche Aussage. Für solche von »Variablen« $x, y, \ldots$ abhängigen Aussagen kann man die Zeichen einführen:

$$\bigwedge_{x \in M} P(x): \text{Für alle } x \text{ (der Menge } M) \text{ gilt } P(x);$$

$$\bigvee_{x \in M} P(x): \text{Es gibt (mindestens!) ein } x \text{ der Menge } M, \text{ für das } P(x) \text{ gilt.}$$

Es sei z. B. N_1 die Menge der natürlichen Zahlen, die die Ungleichungen $16 < n < 20$ erfüllen. $P(n)$ ist wieder die Aussage: *n ist eine Primzahl*. Dann ist

$$\bigwedge_{n \in N_1} P(n)$$

falsch (denn 18 ist keine Primzahl).

$$\bigvee_{n \in N_1} P(n)$$

ist *wahr* (denn 17 und 19 sind Primzahlen).

Man kann mit Hilfe des *All-* und *Seinszeichens* ($\wedge$ und $\vee$) viele Aussagen der klassischen Mathematik formalisieren. So steht z. B.[16]

$$\bigwedge_{n \in \mathbb{N}_1} \bigvee_{p \in P} \bigvee_{q \in P} (2n = p + q)$$

für die berühmte (noch nicht bewiesene) *Goldbachsche Vermutung*:

Jede gerade Zahl, die größer als 2 ist, kann als Summe zweier Primzahlen geschrieben werden.

Als Beispiele notieren wir: $10 = 7 + 3$, $12 = 7 + 5$, $14 = 11 + 3$.

7. Bourbaki

Der Aufbau der Mathematik aus den »Grundstrukturen« ist die Grundlage für das Unternehmen BOURBAKI. Man kann dieses Werk als ein Gegenstück zu den ›Elementen‹ EUKLIDS ansehen. Dieses klassische Werk gab eine Zusammenfassung des mathematischen Wissens jener Zeit.

Es ist verständlich, daß bei der raschen Entwicklung der mathematischen Wissenschaften in den letzten 100 Jahren uns Heutigen das klassische Werk nicht mehr genügt. Es liegt der Gedanke nahe, für unsere Zeit eine neue Gesamtschau der mathematischen Disziplinen in einem Sammelwerk zu geben,

---

[16] $\mathbb{N}_1$ ist die Menge der natürlichen Zahlen, die größer als 1 sind; P ist wieder die Menge der Primzahlen.

das das mathematische Wissen unseres Jahrhunderts zusammenfaßt.

Es sind mancherlei Versuche gemacht worden, eine solche »Enzyklopädie« zu schaffen. BOURBAKI liefert aber mehr als nur einen zusammenfassenden Bericht über die verschiedenen Disziplinen der Mathematik. Das Werk gibt (in konsequenter Fortführung von Ideen der durch HILBERT begründeten formalistischen Schule) einen neuartigen Aufbau der Mathematik aus den »Grundstrukturen«. Die ›Eléments de Mathématique‹ erscheinen seit einigen Jahren in vielen Lieferungen in einem Pariser Verlag. Den Namen des Verfassers »BOURBAKI« sucht man vergebens in den Anschriftenlisten der Universitäten und mathematischen Gesellschaften. Er existiert ebensowenig wie die Stadt Nancago, die im Datum des Vorwortes jener Schriften genannt wird, oder das Königreich Poldévie, dessen Akademie BOURBAKI angehören soll. Mit etwas Phantasie kann man aus »Nancago« die Städtenamen »Nancy« und »Chicago« herauslesen. In der Tat sind es vor allem französische und amerikanische Mathematiker, die an dem großen Gemeinschaftswerk ›Eléments de Mathématique‹ beteiligt sind. Da sie aber offenbar auf die Anonymität ihres Unternehmens Wert legen, ist es wohl angebracht, diesen Spaß zu respektieren und weitere Fragen nach den Autoren zu unterlassen.

Der BOURBAKI-Kreis hat in den letzten Jahren viele Forscher in der ganzen Welt zu neuen Untersuchungen angeregt. Wir gewinnen jetzt einen neuen Aufbau der Mathematik aus dem Strukturbegriff. Diese Konzeption wurde aber erst möglich durch die CANTORsche Begründung einer allgemeinen Mengenlehre.

Wir wollen nicht verschweigen, daß der »Bourbakismus« auch zu gewissen bedenklichen Erscheinungen geführt hat. Es liegt ja nahe, immer neue »Räume« zu definieren, ihre Gesetze durch Axiome festzulegen und dann zu erforschen, welche Eigenschaften die neuen Strukturen mit den schon bekannten gemeinsam haben und worin sie sich unterscheiden.

Zwar gibt es noch mancherlei ungelöste Probleme der euklidischen Geometrie und der Zahlentheorie, aber es besteht bei den jüngeren Mathematikern wenig Neigung, sich solcher Fragestellungen anzunehmen. Es erscheint aussichtsreicher, in den neuen »Räumen« auf Entdeckungen auszugehen.

Das hat dazu geführt, daß über manche der neueren Forschungsgebiete nur ein ganz kleiner Kreis von »Eingeweihten«

auf diesem Planeten eingehender informiert ist. Die Forschenden sind immer mehr isoliert, und eine Kommunikation (die über die Mitteilung von »Ergebnissen« hinausgeht), erst recht aber ein bis an die Front der Forschung führender Unterricht ist fast unmöglich geworden.

Es gibt aber noch eine weitere Gefahr, auf die kürzlich G. W. SPOHN hingewiesen hat[17]. Er fragt: »Can Mathematics be saved?«. Die Mathematik soll »gerettet« werden aus der Isolierung der Forschenden in den Gebieten der jüngsten Theorien. Sie hat (in den USA) bereits dazu geführt, daß manche »modernen« Mathematiker nicht mehr in der Lage sind, die für die Praxis wichtigen Verfahren der klassischen Analysis anzuwenden. Es kann vorkommen, daß ein an BOURBAKI geschulter promovierter Mathematiker in einem Industriewerk eine für ein technisches Problem wichtige Differentialgleichung nicht lösen kann, und man muß zufrieden sein, wenn ein Ingenieur des Unternehmens sich seiner mathematischen Kenntnisse aus der Studienzeit entsinnt.

Wir können über die Isolierung der Forschenden an dieser Stelle nicht ausführlicher sprechen. Wir wollten nur redlicherweise auch auf die *Gefahren* des Bourbakismus hinweisen, wenn wir immer wieder seinen Nutzen für den einheitlichen Aufbau der Mathematik rühmen.

---

[17] Notices Am. Math. Soc. 16, 1969, S. 890–894.

VII. NEW MATH in der Schule

1. Das Problem

Vor einiger Zeit besuchte ein älterer Mathematiklehrer die Bibliothek eines mathematischen Instituts der Universität. Er hatte sein Studium vor einigen Jahrzehnten abgeschlossen und war beeindruckt durch die Fülle der neuen Literatur. Die ›Mathematischen Annalen‹ und ›Crelles Journal der reinen und angewandten Mathematik‹ finden sich im modernen Institut ebenso wie schon in dem der Zwanziger Jahre. Aber daneben gibt es heute eine Fülle neuer Zeitschriften aus Japan, aus Amerika, aus den Ländern des Ostblocks, die erst in den letzten Jahrzehnten neu erschienen sind. Alle diese Bände berichten über Forschungsergebnisse, und mein Besucher fragte mit Recht, wie denn ein Student heute auch nur einen Überblick gewinnen kann über den Stand der Forschung, wenn die Flut der Publikationen so weiter anschwillt.

Die Soziologen haben herausgefunden, daß sich (in diesem Jahrhundert) der Umfang der wissenschaftlichen Literatur etwa im Laufe von 12 Jahren verdoppelt. Wir haben heute also etwa doppelt soviel Schrifttum wie im Jahre 1962, und für das Jahr 1986 müssen die Bibliotheken wieder doppelt soviel Raum für die Bücher bereithalten wie heute.

Das sind erschreckende Aussichten für unsere Studenten. Wie soll sich in den nächsten Jahren ein Student der Physik oder der Mathematik bis an die Front der Forschung durcharbeiten? Keine Studienreform kann an der Tatsache vorbei, daß die Ergebnisse der Forschung nach einem Exponentialgesetz anwachsen. Unter diesen Umständen ist zu fragen, ob eine vernünftige Studienreform nicht schon in der Schule beginnen müßte.

Es liegt nahe, die Ideen des BOURBAKI-Kreises für eine solche Neugliederung der Schulmathematik nutzbar zu machen. Wenn es möglich ist, die Mathematik aus besonders einfachen »Mutterstrukturen« aufzubauen, dann sollte man versuchen, dieses Fundament schon in der Schule zu legen.

Natürlich muß man hier mit einem Einwand rechnen: *Wird das nicht trotz allem für die Schule, besonders aber für die Jahre des Anfangsunterrichts, viel zu schwer?* Manche Leute bleiben eben mißtrauisch, wenn Mathematiker sagen, daß etwas »ganz einfach« sei. Man hat da Erfahrungen ... Es gibt aber auch ermutigende Berichte. Da hat DIENES mit seinen Mitarbeitern in vielen Ländern der Erde Versuche durchgeführt über die Behandlung einfacher logischer und mengentheoretischer Probleme mit Kleinkindern. Es stellte sich heraus, daß selbst Kinder im vorschulpflichtigen Alter in der Lage waren, einfache mathematische oder logische Fragen spielend zu behandeln. »Spielend«: das ist durchaus wörtlich gemeint.

Man kann tatsächlich mit Hilfe von besonderen »logischen Baukästen« spielend elementare Kenntnisse der Logik und der Mengenlehre gewinnen. Die von DIENES und anderen Didaktikern entworfenen »logischen Blöcke« können heute in Spielwarenhandlungen gekauft werden, und es gibt nicht wenige Eltern, die mit Hilfe solchen Spielmaterials die Denkfähigkeiten ihrer vorschulpflichtigen Kinder anzuregen versuchen.

Die Psychologen haben den bildenden Wert des Spiels längst erkannt, und so fanden die Reformer um DIENES bald Verständnis für ihre neuen Ideen. Die Schulverwaltungen, die als fortschrittlich gelten wollten (und welche Behörden wollen das nicht?), griffen die neuen Ideen auf und verordneten die Einführung der NEW MATH in der Grundschule. Dabei wurden in manchen Fällen bedenklich kurze Fristen für die »Umschulung« der Lehrer angesetzt.

Man darf ja die Schwierigkeiten nicht unterschätzen, die sich für den modernen Lehrer ergeben: Der Anblick spielender Kinder ist immer erfreulich, ganz gleich, ob die Kinder sich mit Sandbergen oder logischen Blöcken beschäftigen. Es ist auch nicht besonders schwierig, sie zum Hantieren mit dem neuen Spielzeug anzuregen. Aber irgendwann muß doch die Schule zu der Erkenntnis kommen, daß $3+2=5$ und $5 \cdot 5 = 25$ ist. *Wie kommt man vom Umgang mit den bunten Plastikblöcken zu solchen nüchternen Einsichten, die doch die Schule schließlich auch vermitteln muß?*

Wir wollen im folgenden versuchen, auf diese Frage eine Antwort zu geben. Natürlich können wir in dieser Schrift keine ganze Didaktik des mathematischen Anfangsunterrichts unterbringen[1]. Aber es soll doch wenigstens gezeigt werden, wie die Möglichkeiten der logischen Schulung im Anfangsunterricht aussehen und wie man von der naiven Mengenlehre zum Zahlbegriff und zum elementaren Rechnen vorstoßen kann.

---

[1] Wir verweisen dazu auf die Bände [1] und [10] des Literaturverzeichnisses.

2. Logische Spiele

In seinem Roman ›Das blinde Spiel‹ läßt Vinzent ERATH den Mathematiklehrer Professor Hirt sagen[2]:

> Gott ist ein Kind, und als er zu spielen begann, trieb er Mathematik. Sie ist die göttlichste Spielerei unter den Menschen.

Ein anderer schwäbischer Dichter, Hermann HESSE[3], hat dem mathematischen Spiel in seinem Roman ›Das Glasperlenspiel‹ ein hohes Lob gesungen. Er sagt über die Bedeutung seines »von den musikalischen zu den mathematischen Seminaren« übergegangenen Glasperlenspiels:

> Das Spiel war nicht bloß Übung und nicht bloß Erholung, es war konzentriertes Selbstgefühl einer Geisteszucht, besonders die Mathematiker betrieben es mit einer zugleich asketischen und sportsmännischen Virtuosität...

Wir haben also sogar die Dichter auf unserer Seite, wenn wir die Einführung in die Grundbegriffe der Mengenlehre und der Logik im mathematischen Spiel suchen. Es bleibt das Verdienst von DIENES und seinen Mitarbeitern, daß sie die Möglichkeiten einer solchen »spielerischen« Einführung in die vielen so unheimliche Welt der Mathematik gezeigt haben.

Sein Arbeitsmittel ist ein Kasten mit »logischen Blöcken«, den man heute auch in Spielwarengeschäften kaufen kann. Es gibt mancherlei Variationen des DIENESschen Verfahrens, und wir wollen hier ein Modell zugrunde legen, das im ›Mathematik-Duden für Lehrer‹ [14] beschrieben wurde und den Vorteil hat, daß man die Spielobjekte leicht selbst herstellen kann.

Man benutzt 48 geometrische Figuren, die sich nach Gestalt, Größe[4], Farbe und »Zusammenhang« unterscheiden. Dies sind die »Merkmale«:

Farbe:	rot, gelb, blau
Größe:	groß, klein
Gestalt:	Kreis, Sechseck, Viereck, Dreieck
Zusammenhang:	»gelocht«, »ungelocht«.

---

[2] Vinzent ERATH, Das blinde Spiel. Tübingen 1954, S. 253.

[3] Hermann HESSE, Das Glasperlenspiel. Berlin und Frankfurt a. M. 1957, S. 35f.

[4] Es kommt nicht auf die »Größe« in irgendeinem Maß an. Man muß nur »große« und »kleine« Figuren deutlich unterscheiden können.

Ein »gelochter« Kreis ist ein Kreisring; entsprechend sind die gelochten Figuren erklärt. Abb. 18 zeigt die vier doppelt zusammenhängenden (gelochten) Spielobjekte.

Abb. 18

Die Kombination aller Merkmale führt offenbar auf $3 \cdot 2 \cdot 4 \cdot 2 = 48$ Spielobjekte.

Man kann nun den Kindern diese Spielplättchen überlassen und (unbemerkt) eins davon wegnehmen. Es stellt sich als erste einfache Aufgabe: Welches Klötzchen fehlt? Die Schüler kommen von selbst darauf, daß man durch Ordnen der Plättchen nach ihren »Merkmalen« leicht feststellen kann, was fehlt.

Wir können an dieser Stelle nicht ausführlich auf die vielen Möglichkeiten eingehen, die sich beim Spielen mit den »Blökken« (bzw.: »Merkmalplättchen«) ergeben. Man findet darüber in der Literatur[5], aber natürlich auch in den käuflichen Kästen mancherlei Hinweise. Wir wollen nur an *einem* Beispiel deutlich machen, daß man mit diesem Hilfsmittel Aussagen der formalen Logik verdeutlichen kann.

Man lege etwa zwei sich überschneidende Reifen auf den Fußboden und fordere die Kinder auf, in den einen Reifen alle *runden*, in den anderen alle *blauen* Plättchen zu legen.

Man findet leicht heraus[6], daß die Plättchen etwa wie in der Abb. 19 festgelegt werden müssen.

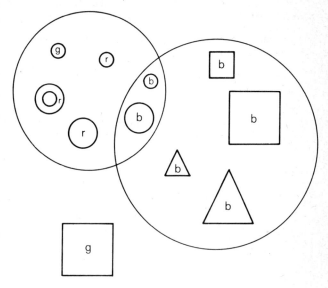

Abb. 19

Im Durchschnitt der beiden Kreise liegen genau die Dinge, die *rund* und *blau* sind (also die großen und kleinen, gelochten und ungelochten blauen Kreise). *Außerhalb beider* Kreise liegen die Objekte, die *keine* der geforderten Eigenschaften haben (die also *weder* rund *noch* blau sind), z. B. das in Abb. 19 eingezeichnete (große) gelbe Quadrat.

---

[5] Siehe etwa [8] oder [14].
[6] Der Übersicht wegen sind nicht alle Spielelemente eingezeichnet. Die Farben sind durch Buchstaben angedeutet: b steht für blau, r für rot, g für gelb.

Halten wir fest: In dem beiden Kreisen gemeinsamen Bereich liegen gerade die Dinge, die

RUND UND BLAU

sind. Was kann man nun über die Stücke aussagen, die nicht im Durchschnitt liegen? Irgend etwas fehlt ihnen: Sie sind NICHT RUND oder NICHT BLAU, wobei das »oder« nicht alternativ sein soll. Es sind natürlich auch alle die Stücke draußen, denen beide Eigenschaften abgehen. Wir haben also:

(1) NICHT (RUND UND BLAU) ist NICHT RUND ODER NICHT BLAU.

Aus der Bemerkung über die außerhalb *beider* Kreise liegenden Objekte gewinnt man entsprechend die Einsicht:

(2) NICHT (ROT ODER BLAU) ist NICHT ROT UND NICHT BLAU.

Damit haben wir die bereits in Kap. VI.6. erwähnten DE MORGANschen Gesetze der Logik gewonnen. Wir brauchen[7] nur noch zu »formalisieren«. Schreiben wir:

R: Das Ding ist rund.
B: Das Ding ist blau.

Dann entspricht die Aussage (1) der Formel[8]

(1a) $\neg(R \wedge B) \Leftrightarrow \neg R \vee \neg B$,

und für (2) haben wir

(2a) $\neg(R \vee B) \Leftrightarrow \neg R \wedge \neg B$.

3. Endliche Mengen

Die Freude am Spiel ist nicht nur bei Kindern, sondern auch bei den nach den Erkenntnissen der modernen Psychologie geschulten Grundschullehrern sehr verbreitet. Die Anregung zu logischen und mengentheoretischen Spielen wird deshalb heute in den Grundschulen sehr eifrig aufgenommen.

Schwieriger ist es, von dem ziellosen Spiel zu elementaren mathematischen Einsichten und zum simplen Rechnen vorzu-

---

[7] Natürlich tut man das nicht im Anfangsunterricht.
[8] Vgl. dazu Kap. VI.6.!

dringen. Aber das muß ja nun einmal sein, und so steht leider das Spielen mit Mengen in der modernen Schule manchmal ohne rechten Bezug zu dem schließlich leider unvermeidlichen Rechnen.

Wir wollen in dieser Schrift keine ausführliche Anleitung für den mengentheoretischen Anfangsunterricht geben. Aber das wollen wir doch versuchen deutlich zu machen: Wie man vom *Operieren mit den Mengen* zum *Zahlbegriff* kommt.

Wir stehen an dieser Stelle vor einem gewiß nicht leichten didaktischen Problem: Der mathematische Anfangsunterricht soll die spätere Beschäftigung mit mathematischen Verfahren vorbereiten. Natürlich sollen die Kinder auch wie in der guten alten Zeit richtig *rechnen* lernen. Und sie sollen dabei nicht überfordert werden. Sie sollen Freude gewinnen an der Beschäftigung mit mathematischen Fragestellungen und – wenn möglich – erste wichtige Einsichten *spielend* gewinnen.

Das ist ein bißchen viel auf einmal, und man muß sich ernsthaft fragen, ob solche hochgesteckten Ziele wirklich erreichbar sind. Sie sind es ganz gewiß nur mit fachlich und didaktisch hochqualifizierten Lehrern. Gerade deshalb ist die überstürzte Einführung der NEW MATH so gefährlich. Die ärgste Gefahr scheint uns eine Entartung des mathematischen Spiels in eine ziellose Spielerei zu sein. Diese Gefahr ist jedenfalls immer dann gegeben, wenn die Lehrer nur didaktisch und nicht (in dem hier erforderlichen bescheidenen Umfang) auch mathematisch geschult werden.

Wir halten die von einigen Dienes-Schülern eingeführte Praxis des spielenden Lernens auch für die Lehrer für verhängnisvoll. Man kann nicht erwarten, daß spielende Kinder oder die um kindliches Spiel bemühten Lehrer aus dem Umgang mit logischen Blöcken die Mathematik neu entdecken. Hier sind Irrwege (mindestens überflüssige Umwege) absolut unvermeidlich, wenn die Lehrer nicht ein bescheidenes Maß an mathematischem Wissen mitbringen. Man sollte deshalb die auf die NEW MATH auszubildenden Lehrer zunächst in knapper Form *in der Sprache der Erwachsenen* über die Fundamente der Logik und der Mengenlehre informieren. *Dann erst* soll man sich überlegen, ob und wie man diese Einsichten Kindern nahebringen kann.

Wir wollen deshalb an dieser Stelle zunächst etwas über die mengentheoretische Fundierung des Zahlbegriffs für die erwachsenen Leser dieses Buches sagen. Später wird dann zu fragen sein, wie solche Einsichten in die Sprache des Kindes zu »übersetzen« sind.

Wir haben bereits im Kap. IV gezeigt, wie man aus einem Axiomensystem der Mengenlehre zu einer Definition der natürlichen Zahlen kommen kann. Natürlich ist diese NEUMANNsche Definition für die Schule nicht brauchbar.

Die Zahlen gaben sich im mengentheoretischen System deshalb so schwierig, weil das Axiomensystem zur Begründung einer Theorie der *unendlichen* Mengen formuliert worden war. Wenn man sich auf *endliche* Mengen beschränkt, wird alles einfacher.

Nach Ansicht unserer Physiker gibt es im Weltall nur endlich viele Atome, also auch nur endlich viele »Dinge«. CANTOR glaubte noch, daß es transfinite Mengen auch in der Natur gäbe[9]. Wir wissen jetzt, daß der menschliche Geist in der Lage ist, Systeme mathematisch zu erfassen, für die es *kein* Modell in der Natur gibt. Das ist eine erkenntnistheoretisch höchst bemerkenswerte Einsicht. Sie ist für die Schule deshalb bedeutsam, weil sie die Rechtfertigung hergibt für eine *Beschränkung auf endliche Mengen*. Es besteht zunächst kein Grund, die mathematischen Begriffsbildungen auf die Beschreibung unendlicher Systeme einzustellen[10].

Wir brauchen für den Anfangsunterricht auch keine »Axiomatisierung« der Mengenlehre. In allen Disziplinen der Mathematik gab es zunächst eine »naive« Betrachtungsweise. Erst später schien eine Axiomatisierung der entsprechenden Theorie zweckmäßig. Es ist vernünftig, im Schulunterricht (in dieser Hinsicht) dem Gang der Geschichte zu folgen. Es ist nur darauf zu achten, daß man bei aller »Naivität« nicht Begriffsbildungen entwickelt, die später als unzulässig aufgegeben werden müssen.

Beschränken wir uns also darauf, einige *Grundvoraussetzungen* für eine naive Theorie der *endlichen* Mengen[11] zu formulieren.

1. Jede Zusammenfassung von »Dingen« ist eine Menge.
2. Jede Menge von Mengen ist wieder eine Menge.
3. Es gibt die »leere« Menge $\emptyset$ (d. i. die Menge ohne Elemente).

CANTORS klassische Definition der »Menge« (S. 38) ließ ausdrücklich »Zusammenfassungen von ... Objekten unserer An-

---

[9] Vgl. dazu [10], S. 114ff.

[10] In der Geometrie braucht man freilich später auch unendliche Mengen. Aber die (euklidische) Geometrie ist ja ebenfalls eine Schöpfung des menschlichen Geistes.

[11] Eine *Axiomatisierung* einer Theorie der endlichen Mengen findet sich in [16], S. 35ff.

schauung *und unseres Denkens* zu. Mit der Beschränkung auf »Dinge«, also auf Objekte der Anschauung, verzichten wir auf transfinite Mengen. Das ist ein für den Anfangsunterricht naheliegendes Verfahren. Es hat den Vorteil, daß jetzt die Bildung der bekannten Antinomien ausgeschlossen wird. Daß die Einführung einer »leeren« Menge zweckmäßig ist, wurde schon früher (S. 30) erwähnt. Man kann das auch Schülern leicht deutlich machen.

Grundlegend für die ganze Mengenlehre ist der Begriff der *Äquivalenz*. Wir übernehmen hier die in Kap. II gegebene Erklärung, müssen uns aber um eine für Kinder verständliche Sprechweise bemühen. Man sagt im Anfangsunterricht:

Zwei Mengen passen zueinander,

wenn sie *äquivalent* sind[12]. Zum Beispiel: Eine Menge von Bonbons »paßt« zur Menge der Schüler einer Klasse, wenn man jedem Schüler genau einen Bonbon geben kann, ohne daß einer übrigbleibt.

Der Begriff der »eineindeutigen Zuordnung« wird im Anfangsunterricht nicht formal erklärt (später muß man das einmal nachholen). Es handelt sich bei diesem Verfahren um einen so primitiven Prozeß, daß er den Schülern auch ohne formale Definition deutlich gemacht werden kann. Was der Stamm der Wedda (vgl. S. 9) fertigbringt, das können auch unsere ABC-Schützen.

Ein schönes Beispiel dafür hat BIEMEL beschrieben. Man gab einer Gruppe von Kindern des Vorschulalters zwei verschieden geformte Glasgefäße mit farbigen Kugeln, rote in dem einen, blaue in dem anderen Gefäß. *Gibt es mehr blaue oder mehr rote Kugeln?* Die Zahl der Kugeln war zu groß, als daß die Kinder es durch Zählen herausfinden konnten. Ein Junge legte immer eine blaue neben eine rote Kugel und fand auf diese Weise heraus, daß es gleich viel waren. Auf die Frage, wie er zu diesem Ergebnis gekommen sei, war die Antwort: »*Ich habe sie miteinander verheiratet.*«

»Eineindeutig zuordnen« oder »miteinander verheiraten«: Auf die Vokabeln kommt es nicht an. Es ist durchaus zu empfehlen, wenn brauchbare, von den Kindern selbst gefundene Begriffsbildungen für einige Zeit beibehalten werden. Man mag also Mengen »verheiraten«, wenn ein Schüler diesen »Begriff«

---

[12] Manche Lehrer ziehen vor: Die Mengen sind *gleichmächtig*.

einführt. Sonst sollte man sich auf die heute in der Grundschule übliche Sprechweise einigen: Zwei Mengen *passen zueinander* (wenn man jedem Element der einen Menge genau ein Element der andern zuordnen kann). Später kann man zu der in der Wissenschaft üblichen Terminologie übergehen und sagen, die beiden Mengen seien *äquivalent*[13].

Die eineindeutige Zuordnung zwischen vorgegebenen Mengen wird in den modernen Schulbüchern meist durch Doppelpfeile dargestellt, wie es in der Abb. 20 gezeigt wird. Da die Zuordnung ohne Rest aufgeht, sind die dargestellten Mengen *äquivalent* (sie *passen zueinander*, sie sind *gleichmächtig*).

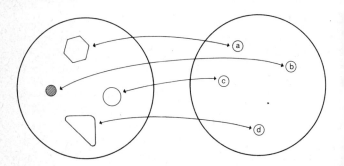

Abb. 20

Eine der ersten Aufgaben des modernen Mathematikunterrichts ist die Untersuchung, ob vorgegebene Mengen *zueinander passen* oder nicht. Die Abb. 21 zeigt ein Bild aus einer für den Anfangsunterricht bestimmten Aufgabensammlung ([17], Bd. I). Wer das Verfahren der umkehrbar eindeutigen Zuordnung verstanden hat, findet leicht heraus, daß z. B. die Mengen G und N zueinander passen, nicht aber G und H.

Damit ist die Voraussetzung geschaffen zur Einführung des *Zahlbegriffs*.

---

[13] Wir wollen noch anmerken, daß die hier erwähnten Begriffe des Anfangsunterrichts denen der Wissenschaft eineindeutig entsprechen: Es sind nur Vokabeln ausgetauscht. Es ist nicht zu empfehlen, eigene, »kindertümelnde« und unklare Begriffe in der Schule einzuführen, wie es von Vertretern des »ganzheitlichen« Unterrichts früher versucht wurde. Zu dieser Frage vgl. [14], S. 472ff.

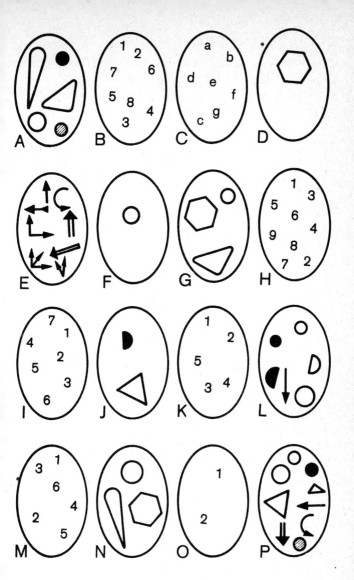

Abb. 21

4. Der Zahlbegriff

Wir erinnern noch einmal an die Inschrift am MITTAG-LEFFLER-Institut in Djursholm (Schweden):

> Die Zahl ist Anfang und Ende des Denkens.
> Mit dem Gedanken wird die Zahl geboren.
> Über die Zahl hinaus reicht der Gedanke nicht.

Mit diesen Thesen wäre GOETHE wohl nicht einverstanden. Er betonte, daß die Zahlen »wie unsere armen Worte nur Versuche sind, die Erscheinungen zu fassen und auszudrücken, ewig unzulängliche Annäherungen«.

In diesem Fall könnte GOETHE sogar auf Zustimmung bei vielen modernen Mathematikern rechnen. Tatsächlich: Zahlen »gibt es in der Natur ja nicht. Zahlen sind Abstraktionen, nützliche und wohl notwendige Abstraktionen zur Beschreibung der Welt, in der wir leben«.

Aber am Anfang steht nicht die Zahl, sondern das zu beobachtende Ding oder auch die zu untersuchende Menge von Objekten.

Es liegt deshalb nahe, die (natürlichen) Zahlen mit Hilfe des Mengenbegriffs zu erklären:

Eine natürliche Zahl ist eine Äquivalenzklasse von Mengen.

Es ist üblich, Mengen als *Klassen* zu bezeichnen, deren Objekte selber Mengen sind. Eine *Äquivalenzklasse* von Mengen ist danach eine Menge äquivalenter Mengen. Die Zahl wird damit als eine Menge von Mengen definiert. Die Zahl *fünf* zum Beispiel ist gleich der Klasse von Mengen, die zur Menge der Finger einer meiner Hände äquivalent ist. Dazu gehört die Menge der Erdteile (bei der üblichen Zählung), die Menge $\{a, b, c, d, e\}$, aber auch die Menge, deren Elemente

eine Glühbirne,
ein Stein,
das Doktordiplom CANTORS,
die Venus,
der Kölner Dom

sind. In der Sprache des Anfangsunterrichts kann man (nach DIENES) so erklären:

Eine Zahl ist ein Name für eine Klasse von Mengen, die zueinander passen.

Wenn man diese Erklärung verstanden hat, kann man versuchen, solche *Namen* für die Klassen zueinander passender Mengen von Abb. 21 zu notieren. Die Klasse, zu der die Mengen G und N gehören, heißt z. B. »drei« oder auch »3«.

Für den Lehrer in der Grundschule ergibt sich die didaktische Schwierigkeit, daß die Schüler eine gewisse Vorstellung von den Zahlen mitbringen. Viele Kinder zählen bis sechs oder acht oder bis zwanzig, bevor sie in die Schule kommen. Wenn der Lehrer jetzt versuchen wollte zu erklären, was die Eins und was die Zwei bedeutet, würden die Schüler solches Bemühen kaum verstehen. Man sollte deshalb bei der Erarbeitung des mengentheoretischen Zahlbegriffs nicht mit Mengen anfangen, die nur ein, zwei oder drei Elemente haben. Das Verfahren der eineindeutigen Zuordnung bietet sich ja gerade für den Fall an, daß der Mengenvergleich nicht ganz trivial ist. Beginnen wir etwa so[14]:

> Hermann und Fritz haben Eicheln gesammelt. Wer hat mehr? Sie stellen fest: Die Mengen passen nicht zueinander (Abb. 22). Wenn man versucht, »Paare« zu bilden, bleiben bei Fritz noch welche übrig. Er »hat mehr« Eicheln als Hermann.

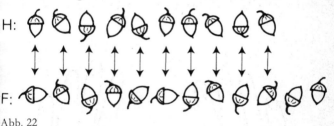

Abb. 22

Gudrun hat Kastanien gesammelt. Die Menge von Gudruns Kastanien »paßt« zu der von Hermanns Eicheln (Abb. 23).

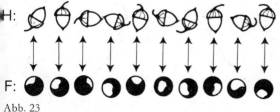

Abb. 23

[14] Wir folgen hier [14], S. 255 ff.

Ein weiteres Beispiel:

Gisela hat Glaskugeln, Herta hat Ringe. »Wollen wir tauschen? Eine Kugel gegen einen Ring?«
Sie probieren: Die Mengen passen zueinander; sie können tauschen: Immer einen Ring gegen eine Kugel (Abb. 24a).

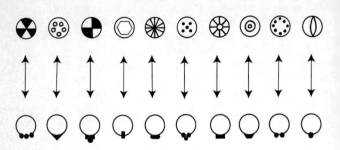

Abb. 24a

Gisela ist stolz auf ihre Ringe. Sie steckt sie an die Finger ihrer beiden Hände; auch für die beiden Daumen hat sie einen (Abb. 24b).

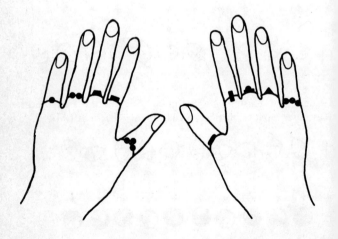

Abb. 24b

Damit haben wir mehrere Mengen, die paarweise zueinander passen:

a) Die (zuerst Gisela gehörenden) Glaskugeln,
b) die Ringe,
c) die Finger Giselas.

Passen vielleicht auch noch einige Mengen aus dem ersten Spiel dazu? Tatsächlich:

d) Hermanns Eicheln,
e) Gudruns Kastanien.

Wir wollen sagen, daß alle diese zueinander passenden Mengen zu einer Klasse gehören. In der Schule sind ja auch solche Kinder in einer Klasse zusammen, die auf die eine oder andere Weise »zueinander passen«: nach dem Alter, nach ihren Fähigkeiten. Aber vielleicht finden die Schüler, daß manche Schüler einer Klasse gar nicht so gut zueinander passen? Wir müssen beachten, daß bei unserem Mengenspiel das Wort »passen« einen ganz bestimmten Sinn hat.

Es schadet nichts, wenn die Schüler früh erfahren, daß manche der Umgangssprache entnommenen vieldeutigen Begriffe in der Mathematik einen durch Definitionen klar festgelegten Sinn haben. Also: Man sagt nicht, daß zwei Mengen zueinander passen, wenn ihre Elemente alle blau sind. Oder wenn sie alle aus Holz sind. Wir sagen, daß sie zueinander passen, wenn ... (s. o.).

Wir geben nun der Klasse unserer zueinander passenden Mengen einen Namen: *zehn*.

Natürlich: Gisela hat ja zehn Finger. Das werden die meisten Kinder schon einmal gehört haben. Sie haben jetzt erarbeitet, wie sie diese schon oft gehörte Zahl als einen Namen für eine Klasse von Mengen verstehen können.

Der Name »zehn« für die untersuchte Klasse ist vielen Kindern schon vom Zählen her vertraut. Sind etwa die anderen Zahlen auch Namen von Klassen? Man kann etwa die Aufgabe stellen:

Bildet Mengen, die zur Menge der Finger einer Hand passen!

Die Klasse dieser Mengen heißt »fünf« (5). Gibt es Klassen mit den Namen »sechs«, »sieben«, »acht«, »neun« (6, 7, 8, 9)? Und mit den Namen »vier«, »drei«, »zwei«, »eins« (4, 3, 2, 1)? Wie sieht insbesondere die Klasse aus, die mit der Zahl 1 bezeichnet wird?

Man kann an dieser Stelle den Einwand erheben, welchen Sinn denn diese mengentheoretische Begründung des Zahlbegriffs für die Schulanfänger haben kann. *Zählen* (bis 10, bis 20 oder gar bis 100) können die meisten normal entwickelten Kinder schon, bevor sie ihre erste Rechenstunde haben. Und wenn man schon eine wissenschaftliche »Fundierung« jener elementaren Tätigkeiten geben will, die Generationen von Schulkindern früher ohne solche Umständlichkeiten gelernt haben: Muß es ausgerechnet die Mengenlehre sein? Muß man die Zahl 5 aufblasen zur Menge aller Mengen, die zur Menge der Finger einer Hand äquivalent sind?

In der Tat haben manche Mathematiker vorgeschlagen, das elementare Rechnen lieber *operativ* zu begründen. Dieses (an Ideen von LORENZEN anknüpfende[15]) Verfahren ordnet den Zahlen einfach Strichsymbole zu, wie wir es ja auch gelegentlich beim Umgang mit Mengen tun.

Wenn man bei einer Abstimmung (»Wer wird Vorsitzender?«) die Stimmen auszählt, benutzt man gern »Strichmengen«. Etwa so:

A: ||||| ||||| ||||| |
B: ||||| ||||| |||

A hat mehr Striche als B. Er ist also gewählt.

Man kann nun die Zahlen einfach mit solchen »Strichmengen« identifizieren und erklären:

$1 = |$,
$2 = ||$,
$3 = |||$,
$4 = ||||$,
...
...

Das *Rechnen* wird dann zu einem (wohldefinierten) Operieren mit solchen Symbolen.

Nun hat die Konferenz der Kultusminister am 3. 10. 1968[16] die Einführung der Mengenlehre im Unterricht der Grundschule »empfohlen«. Es ist an dieser Stelle freilich nicht vorgeschrieben, daß das gleich im ersten Schuljahr erfolgen muß. Es wäre danach

---

[15] Ein Kreis von Mitarbeitern des Erlanger Philosophen und Mathematikers hat die Einführung operativer Verfahren in der Grundschule propagiert. Man findet die Grundgedanken der »operativen Mathematik« in dem (nicht ganz leicht lesbaren) Werk [7] von LORENZEN.

[16] Die »Empfehlung« ist abgedruckt in [14]

zulässig, zunächst »operativ« (oder auch »naiv« im Sinne des alten Rechenunterrichts) zu verfahren und etwa im dritten Schuljahr erst die Mengenlehre einzuführen. Aber einzelne Bundesländer (z. B. Berlin) haben sofort die mengentheoretische Methode (nach einem »Umschulungsjahr« für die Lehrer) für die erste Klasse der Grundschule vorgeschrieben.

Trotzdem geht natürlich die Diskussion unter den Fachvertretern weiter, und es wird ernstlich gefragt, ob denn nun die Mengenlehre *für den Anfangsunterricht* wirklich der Weisheit letzter Schluß sei.

Eine ernsthafte Alternative wäre ein operatives Verfahren, kaum die Rückkehr zu vorwissenschaftlichen »naiven« Methoden. Das ist leicht zu begründen: Das »naive« Rechnen ist keineswegs einfacher als ein wissenschaftlich fundiertes Verfahren. Man kann z. B. (wir werden darauf noch eingehen) bei der mengentheoretischen Begründung des Rechnens leicht zeigen, daß für alle natürlichen Zahlen a und b stets das kommutative Gesetz

(3) $\quad a + b = b + a, \, a \cdot b = b \cdot a$

für die Addition und die Multiplikation gilt. Beim »naiven« Rechnen ist die Ausnutzung der durch (3) gegebenen Rechenvorteile zunächst unzulässig. Wenn man die Addition auf das Zählen, die Multiplikation auf das wiederholte Addieren zurückführt, ist ja auch eine Begründung für die beiden kommutativen Gesetze so leicht nicht zu geben.

Es gibt andere Gebiete des Schulrechnens, in denen der Vorteil moderner Methoden längst erkannt worden ist. Früher plagte sich der Schüler in der unteren Klasse mit komplizierten »Dreisatzaufgaben«, um herauszufinden, wieviel Zinsen etwa ein Kapital von 4500 Mark bei 6 Prozent in 5 Jahren erbringt. Der Ansatz zu diesem Problem war noch verhältnismäßig einfach zu durchschauen. Knifflig wurde es erst, wenn etwa gefragt wurde: *Welches Kapital bringt bei 5 Prozent in 6 Jahren 210 Mark Zinsen?* Oder, noch schlimmer: *In wieviel Jahren bringen 6000 Mark bei 4 Prozent 720 Mark Zinsen?*

Die Lösung solcher Probleme wird viel einfacher, wenn man dazu die elementare Algebra benutzt. Man kann sich dann leicht klar machen, daß ein Kapital k bei einem Prozentsatz p in t Jahren

(4) $\quad z = \dfrac{k \cdot p \cdot t}{100}$

Mark an Zinsen erbringt. Aus (4) kann man aber leicht durch algebraische Umformung die Antworten auf die anderen Fragen gewinnen. Eine Gleichung bleibt ja richtig, wenn man beide Seiten mit der gleichen Zahl multipliziert oder durch die gleiche (von 0 verschiedene) Zahl dividiert. Deshalb folgt aus (4) z. B.

(5) $\dfrac{z}{k \cdot p} = \dfrac{t}{100}$

und

(6) $t = \dfrac{100 \cdot z}{k \cdot p}.$

Entsprechend findet man

(7) $k = \dfrac{100 \cdot z}{p \cdot t}.$

Diese Formeln (7) und (6) geben sofort Antwort auf die oben formulierten Fragen: Ein Kapital *von 700 Mark* erbringt in 6 Jahren 210 Mark Zinsen, und die in dem letzten Problem erfragte Zahl der Jahre ist 3.

Man fragt sich, weshalb man früher die Schüler mit schwierigen Dreisatzverfahren geplagt hat, wenn es mit ein bißchen Algebra viel leichter geht. Die Antwort: Algebra – das ist *Mathematik*. Und das »Rechnen mit Buchstaben« (wie man so schön sagte) blieb der Mittelstufe des Gymnasiums vorbehalten. In der Volksschule (und in der Unterstufe des Gymnasiums) durfte nur mit solchen Methoden gearbeitet werden, die als »elementar« galten.

Inzwischen hat man längst eingesehen, daß die Anwendung einfacher algebraischer Umformungen leichter zu durchschauen ist als das Operieren mit »Dreisätzen«. Es liegt nun nahe, noch einen Schritt weiter zu gehen. In unserem Jahrhundert der Technik und der Naturwissenschaften ist es ein Vorteil, wenn die Schüler schon früh mit der Denkweise der exakten Wissenschaft vertraut gemacht werden. Das erleichtert die spätere Arbeit und vereinfacht einen langen Bildungsprozeß. Wenn es also ohne Belastung der Kinder möglich ist, dann sollte man sie möglichst früh mit den einfachsten mathematischen Strukturen vertraut machen. Und dazu bedarf es der Mengenlehre.

Da es inzwischen gelungen ist, auf dem Wege des Spiels brauchbare Zugänge zur NEW MATH zu finden, ist die Einführung der neuen Denkweise auch für solche Schüler zu empfehlen, die sich später nicht von Berufs wegen mit mathematischen Problemen befassen, oder die eine besondere Begabung für logische und mathematische Fragestellungen zeigen. Es ist für *alle* Schüler von Nutzen, die für das Verständnis unseres naturwissenschaftlichen Zeitalters notwendige NEW MATH kennenzulernen[17]. Wir haben über die mengentheoretische Begründung des Zahlbegriffs gesprochen. Wir müssen nun noch zeigen, wie sich die Grundrechnungsarten aus diesem Ansatz begründen lassen.

5. Die Addition natürlicher Zahlen

Die Addition von Zahlen wird mit Hilfe der Vereinigung von zwei elementefremden[18] Mengen erklärt. Von den Mengen

$A = \{a, b, c, d\},$
$B = \{x, y, z\},$
$C = \{a, x\}$

sind A und B offenbar elementefremd, nicht aber A und C oder B und C. (Diese Mengen haben ja das Element a bzw. x gemeinsam.) A hat vier, B hat drei Elemente. Die Vereinigungsmenge

$A \cup B = \{a, b, c, d, x, y, z\}$

hat sieben Elemente. In der Sprache der modernen Schulmathematik können wir auch sagen: A gehört zur Klasse von Mengen mit dem Namen 4, B zur Klasse mit dem Namen 3. Die Vereinigungsmenge ist ein Element der Mengenklasse 7.

Wir benutzen diesen Tatbestand, um die *Addition* von zwei natürlichen Zahlen a und b zu erklären:

---

[17] Damit soll nicht gesagt werden, daß *alle* Schüler in gleicher Weise für die moderne Mathematik aufgeschlossen wären. Es gibt (auch wenn viele Bildungspolitiker das nicht wahrhaben wollen) gewichtige Unterschiede in den Begabungen, und man sollte das bei der Organisation unseres Schulwesens berücksichtigen. Näheres darüber in [12]. Hier geht es nur um die Tatsache, daß die Gesetzlichkeiten der elementaren Mengenlehre tatsächlich allen geistig normalen Kindern im Vorschulalter bzw. in den ersten Schuljahren nahegebracht werden können.
[18] Vgl. die Definition in Kap. III.1.

Sind A und B elementefremde Mengen, die zu den Zahlen $|A| = a$ und $|B| = b$ gehören, und gehört die Vereinigungsmenge $C = A \cup B$ zur Zahl $c (|C| = c)$, so heißt

$$c = a + b$$

die *Summe der Zahlen a und b*.

Das ist die (bereits in Kap. III.1. erwähnte) klassische Definition für die Addition von Kardinalzahlen; sie wird hier ausdrücklich auf endliche Mengen beschränkt.

Natürlich beginnt man im Anfangsunterricht nicht mit einer abstrakten Definition, sondern mit *Beispielen*. Die Abb. 25 verdeutlicht die Aussage $3 + 2 = 5$: Die Vereinigungsmenge zweier elementefremder Mengen mit den Mächtigkeiten 3 und 2 gehört ja zur Zahl 5 (hat die Mächtigkeit 5).

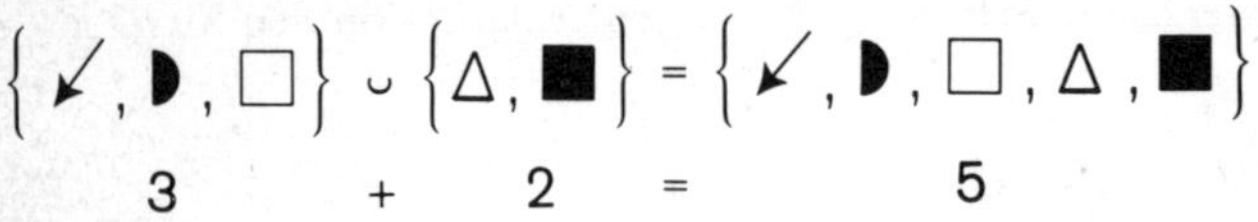

$$\{ \swarrow, \blacktriangleright, \square \} \cup \{ \triangle, \blacksquare \} = \{ \swarrow, \blacktriangleright, \square, \triangle, \blacksquare \}$$
$$\quad\quad 3 \quad\quad\quad + \quad\quad 2 \quad\quad = \quad\quad\quad 5$$

Abb. 25

Da zwei Mengen gleich sind, wenn sie dieselben Elemente haben, gilt z. B. der in der Abb. 26 dargestellte Sachverhalt:

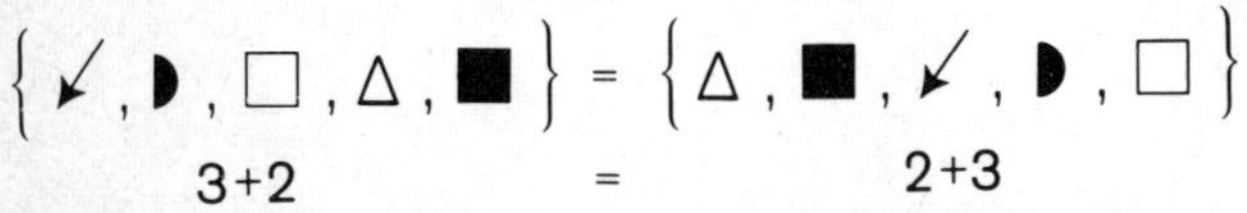

$$\{ \swarrow, \blacktriangleright, \square, \triangle, \blacksquare \} = \{ \triangle, \blacksquare, \swarrow, \blacktriangleright, \square \}$$
$$\quad\quad 3+2 \quad\quad\quad = \quad\quad\quad 2+3$$

Abb. 26

Daraus erkennt man, daß auch $2 + 3 = 5$ richtig ist. Da allgemein

$$A \cup B = B \cup A$$

gilt für beliebige Mengen A und B, haben wir für die entsprechenden Zahlen das kommutative Gesetz der Addition:

(8) $a + b = |A \cup B| = |B \cup A| = b + a$.

Damit haben wir auf einfache Weise ein grundlegendes Gesetz für die Addition natürlicher Zahlen gewonnen. Es sei angemerkt, daß die Begründung des kommutativen Gesetzes aus einem Axiomensystem für die natürlichen Zahlen (mit Hilfe der vollständigen Induktion) wesentlich komplizierter aussieht[19].

Aus dem Verknüpfungsgesetz

$$(A \cup B) \cup C = A \cup (B \cup C)$$

für Mengen gewinnt man entsprechend das *assoziative Gesetz* für die Addition natürlicher Zahlen:

(9) $(a + b) + c = a + (b + c)$.

Zur Begründung der Subtraktion führen wir den Begriff der *Differenzmenge* ein. Zur Vermeidung von Mißverständnissen wollen wir die Erklärung unter Benutzung von Symbolen der formalen Logik geben. Allgemein bezeichnet man durch

$$M = \{x \mid A(x)\}$$

die Menge M derjenigen Elemente, die die Eigenschaft $A(x)$ haben. So ist z. B.

$$\mathbb{N}_3 = \{x \mid x \in \mathbb{N} \wedge x > 3\}$$

die Menge der natürlichen Zahlen, die größer als 3 sind. Man kann dafür natürlich auch

$$\mathbb{N}_3 = \{4, 5, 6, 7, \ldots\}$$

schreiben.

Die *Differenzmenge* $A \setminus B$ (lies: A minus B) wird nun so erklärt:

$$A \setminus B = \{x \mid x \in A \wedge x \notin B\}.$$

In der Umgangssprache heißt das:

Die Differenzmenge $A \setminus B$ ist die Menge derjenigen Elemente von A, die nicht zu B gehören.

Wir geben nun einige Beispiele. Es sei

$A = \{1, 2, 3, 4, 5\}$,
$B = \{4, 5\}$,
$C = \{4, 5, 6\}$,
$D = \{17, 18\}$.

Dann ist

$$A \setminus B = A \setminus C = \{1, 2, 3\},$$

---

[19] Vgl. dazu [8], S. 55 ff.

aber für $A \setminus D$ erhalten wir nach unserer Definition

$$A \setminus D = A.$$

Nach diesen Vorbereitungen wollen wir die *Subtraktion* natürlicher Zahlen einführen. Man kann diese Operation einfach als die Umkehrung der Addition deuten:

a und *b* seien natürliche Zahlen. Wenn es eine natürliche Zahl *x* gibt, für die

$$a + x = b$$

gilt, so heißt *x* die *Differenz von b und a*.

Man schreibt:

$$x = b - a$$

(lies: *b* minus *a*).

Es ist aber auch möglich, die Subtraktion anschaulich mit Hilfe von Begriffen der Mengenlehre zu begründen.

Es sei A eine echte[20] Teilmenge von B. Die Mächtigkeit der Differenzmenge

$$C = B \setminus A$$

heißt dann die *Differenz von* $|B| = b$ *und* $|A| = a$:

$$c = |C| = b - a = |B \setminus A|.$$

Natürlich wird man im Anfangsunterricht nicht mit solchen formalen Erklärungen anfangen. Da geht es etwa um die folgende Aufgabe:

Hans hat 5 Bälle. Er schenkt seinem Freund Martin davon 3. Wieviel behält er übrig?

Abb. 27 zeigt die Veranschaulichung des Ergebnisses $5 - 3 = 2$.

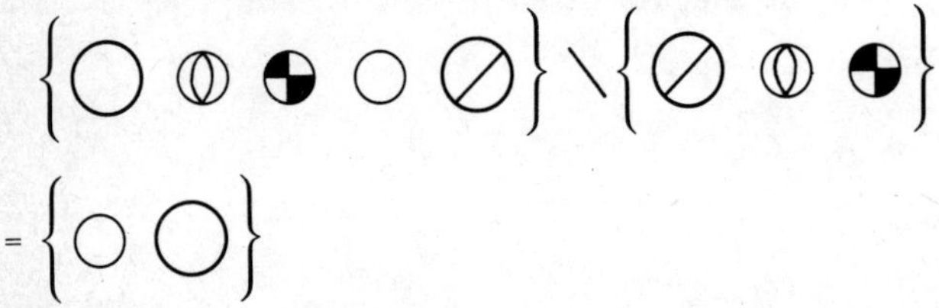

Abb. 27

[20] A ist eine *echte* Teilmenge von B, wenn $A \subset B$ und $A \neq B$ gilt.

Aber die auf $5 - 3 = 2$ führende Aufgabe kann auch anders lauten. Wie soll man folgendes Problem mit den Methoden der Mengenlehre lösen?

Hans hat 5 Bälle, Martin 3. Wer hat mehr?

Natürlich ist anzunehmen, daß die Schüler bereits wissen, daß 5 mehr als 3 ist. Aber wenn man diese Differenz mengentheoretisch durch Bildung der *Differenzmenge* ermitteln will, dann gerät man in Schwierigkeiten. Bezeichnen wir die Bälle von Hans mit a, b, c, d, e, die von Martin (die ja von den Hans gehörenden verschieden sind) mit f, g und h. Dann ist ja

$$\{a,b,c,d,e\} \setminus \{f,g,h\} = \{a,b,c,d,e\},$$

nach unserer Erklärung für die Bedeutung des Symbols $\setminus$.

Man kommt mit dem Problem der Bälle weiter, wenn man den Versuch unternimmt, zwischen den Bällen der beiden Jungen eine umkehrbar *eindeutige Zuordnung* herzustellen (Abb. 28). Man erkennt auf diese Weise sofort, daß Hans mehr Bälle hat als Martin. Jetzt kann man fragen, was von der Menge H übrigbleibt, wenn man alle jene Elemente wegnimmt, von denen ein Pfeil zu den Elementen von M zeigt. Das führt auf Abb. 28.

Die entsprechende Gleichung zwischen den zugehörigen Zahlen schreiben wir so: $5 - 3 = 2$.

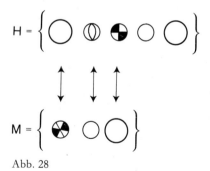

Abb. 28

Bei den bisher benutzten Abbildungen haben wir uns bemüht, die Elemente der Menge deutlich als voneinander verschieden darzustellen, ob das nun Ringe, Eicheln oder Bälle waren. Das hat seinen guten Grund. Nach den Gesetzen der Mengenlehre gelten ja zwei Mengen als gleich, wenn sie dieselben Elemente haben: $\{1, 2, 2\} = \{1, 2\} = \{2, 1\}$. Es kommt nicht auf die Reihenfolge an, und wenn ein Element mehrfach notiert ist, so hat das keine Bedeutung.

Aber wann sind schon zwei Elemente einer Menge »gleich«? Natürlich ist $2 = 2$, $1 = 1$, usf. Aber ist immer $| = |$, $\circ = \circ$?

Das ist eine Frage der Konvention. Man kann davon ausgehen, daß die Farbteilchen, die zu dem einen Strich $|$ gehören, verschieden sind von denen des anderen Striches. Dann wäre $\{||\}$ eine Menge mit *zwei* Elementen. Setzt man aber $| = |$ fest, so ist $\{||\} = \{|\}$, denn beide Mengen enthalten »dieselben« Elemente (nämlich das Element $|$). Wenn man dagegen die Mathematik operativ begründet, dann hat man freilich stets für die Strichsymbole

$| = |$, $|| = ||$, ...,
$| \neq ||$

usf. Um Mißverständnisse zu vermeiden, benutzt man deshalb im Anfangsunterricht der *Mengenlehre* möglichst nur solche Elemente, die deutlich von einander zu unterscheiden sind. Das wird aber schwierig, wenn man Mengen mit einer größeren Zahl von Elementen hat. Zur Einführung in das Dezimalsystem kann es z. B. erwünscht sein, Mengen wie die in Abb. 29 zu betrachten. Sie hat 33 Elemente, und es wäre lästig, wollte man dafür 33 verschiedene Zeichen aufs Papier bringen. Es liegt schon näher, eine Darstellung durch Punkte oder »Kringel« zu geben, wie die in Abb. 29.

Abb. 29

Das kann gemacht werden, wenn dies mit dem ausdrücklichen Hinweis geschieht, daß die Punkte dieser Abbildung »Platzhalter« für *verschiedene* Elemente sind. Wenn vorher (beim Über mit kleineren Zahlen) genügend viele Darstellungen von Mengen mit erkennbar verschiedenen Elementen behandelt wurden dürfte die Zulassung von Abbildungen wie 29 zu verantworten sein[21]. Diese Bemerkungen zeigen aber, daß man »operative« und »mengentheoretische« Betrachtungsweisen nicht durcheinander bringen darf, wie es gelegentlich von kompromißfreudigen Didaktikern empfohlen wird. Wenn man davon ausgeht, daß

$$|=|$$

gilt, dann gilt in der operativen Betrachtungsweise

$$|\neq\|,$$

aber für die entsprechenden *Mengen* haben wir (s. o.!)

$$\{|\} = \{\|\}.$$

6. Die Multiplikation natürlicher Zahlen

Zur Begründung der Multiplikation benutzt man am einfachsten den Begriff des kartesischen Produktes, der schon auf S. 101 f. eingeführt wurde. Wir beschränken uns hier auf endliche Mengen und haben z. B. für

$$A = \{a, b, c\},\ B = \{x, y\}$$

die Menge der geordneten Paare (α, β) mit $\alpha \in A$, $\beta \in B$:

(10) $\quad A \times B = \begin{Bmatrix} (a,x),\ (b,x),\ (c,x), \\ (a,y),\ (b,y),\ (c,y) \end{Bmatrix}$

Diese Menge hat 6 Elemente: $|A \times B| = 6$.

Auch das Produkt $B \times A$ hat 6 Elemente:

(11) $\quad B \times A = \begin{Bmatrix} (x,a),\ (x,b),\ (x,c), \\ (y,a),\ (y,b),\ (y,c) \end{Bmatrix}.$

Nach diesen Vorbereitungen erklären wir:

Es seien A und B Mengen mit den Kardinalzahlen $|A| = a$, $|B| = b$. Dann heißt die Kardinalzahl c des kartesischen Produktes

$$c = |A \times B|$$

das *Produkt der Kardinalzahlen a und b*:

(12) $\quad c = a \cdot b.$

---

[21] Platzhalter für Elemente sind zu unterscheiden von den Platzhaltern (oder Leerstellen) für Zahlen. Bei den Leerstellen für Zahlen ist in jeden Kreis (und in jedes Quadrat) immer dieselbe Zahl einzusetzen. Bei den Mengen soll jeder Kreis für ein anderes Element stehen.

Wenn man die in den Zeilen und Spalten der Darstellungen nach (10) bzw. (11) stehenden Elemente zusammenfaßt, so erkennt man die Richtigkeit der folgenden Aussagen:

(12′) $a \cdot b = \underbrace{a + a + \ldots + a}_{b \text{ mal}} = \underbrace{b + b + \ldots + b}_{a \text{ mal}},$

(12″) $a \cdot b = b \cdot a.$

Auch die Gültigkeit des assoziativen Gesetzes der Multiplikation

$a \cdot (b \cdot c) = (a \cdot b) \cdot c$

und des distributiven Gesetzes

$a \cdot (b + c) = a \cdot b + a \cdot c$

kann man sich leicht an geeigneten Mengen verdeutlichen.

Im Anfangsunterricht wird man diese Ergebnisse nicht in dieser abstrakten Form durch abgeleitete Formeln ermitteln. Man kann z. B. die durch das kartesische Produkt erklärte Multiplikation verdeutlichen, indem man spielende Kinder Paare bilden läßt. An die Stelle der Mengen A und B treten dann die Mengen

$A = \{\text{Hans, Fritz, Dieter}\}, B = \{\text{Gerda, Ines}\}$

bzw.

$A = \{H, F, D\}, B = \{G, I\};$

für (10) steht

$A \times B = \{(H, G), (F, G), (D, G), (H, I), (F, I), (D, I)\},$

und an die Stelle von (11) tritt die Paarmenge

$\{(H, G), (F, G), (D, G),$
$(H, I), (F, I), (D, I)\}.$

Brechen wir hier ab. Wir wollen keine komplette Didaktik des mathematischen Anfangsunterrichts liefern[22]. Es sollte nur gezeigt werden, wie etwa (man kann es auch anders machen) die Multiplikation natürlicher Zahlen mit ihren Rechengesetzen mengentheoretisch begründet werden kann.

Im weiteren Unterricht finden dann auch die einfachsten Begriffe der Strukturtheorie eine frühe Anwendung: Man beginnt Mengen zu *ordnen*, Äquivalenzklassen zu bilden, usw.

---

[22] Man findet ausführlichere Informationen in [14] und [15].

Ein solcher Unterricht kann nur erfolgreich sein, wenn der Lehrer über ein Mindestmaß an Kenntnissen über die moderne Mathematik verfügt und – über das nötige didaktische Geschick. Wenn es tatsächlich gelingt, den mathematischen Anfangsunterricht »sachlich richtig« und didaktisch vernünftig zu gestalten, dann ist viel gewonnen für die Zukunft unserer Kinder.

Wir haben diese Schrift begonnen mit einem Bericht über das »Paradies«[23], das CANTOR den Mathematikern in fernen »transfiniten« Regionen geschaffen hat und sind nun unversehens bei den Anfangsgründen der Schulmathematik gelandet.

Wenn wir der Entwicklung der Mengenlehre in dem ersten Jahrhundert ihrer Geschichte gerecht werden wollen, müssen wir aber nun auch noch einiges sagen über die weitere Entwicklung der Grundlagenforschung, die ja durch die CANTORschen Ideen so wichtige Anregungen erfuhr. Natürlich können wir nicht über alle auch nur einigermaßen wichtigen Ergebnisse der modernen Mengenlehre berichten. Es soll aber doch versucht werden, das für die Einsicht in das Wesen der Mathematik und die Möglichkeiten der exakten Erkenntnis Bedeutsame so darzustellen, daß es auch für solche Leser verständlich wird, die sich nicht auf das Studium der Mengenlehre spezialisiert haben.

Es könnte sein, daß manche Leser nach der fröhlichen Talfahrt in die mathematischen Schulklassen nicht mehr zu einem Aufstieg in die fernen Höhen jüngster mathematischer Forschung bereit sind. Sie werden auch dann von dieser Schrift einigen Gewinn haben, wenn sie hier abbrechen und sich der Lektüre jener Schriften[24] zuwenden, die sich mit den Problemen des Anfangsunterrichts beschäftigen.

Für die Leser aber, denen es in »CANTORS Paradies« gefallen hat, wollen wir noch ein Kapitel mit einem Bericht über die jüngste Entwicklung in der Theorie der *transfiniten* Mengen anfügen.

---

[23] HILBERT sagte einmal zu der Diskussion über die Problematik der Mengenlehre: »Aus dem Paradies, das CANTOR uns geschaffen, soll niemand uns vertreiben können.«
[24] Man beachte die Hinweise im Literaturverzeichnis.

VIII. Neuere Ergebnisse der Mengenlehre

1. Das Problem

Die Produktion an wissenschaftlicher Literatur hat sich in letzter Zeit etwa alle 12 Jahre verdoppelt. Wir finden also in einer (auf den neuesten Stand gebrachten) wissenschaftlichen Bibliothek im Jahre 1974 doppelt so viele Bücher wie im Jahre 1962. Naturgemäß war das Interesse der Mathematiker am Ausbau der *Mengenlehre* (dem »Fundament« der Mathematik) besonders groß; und deshalb wurden überdurchschnittlich viele Arbeiten zu diesem Thema veröffentlicht. Kann man es da überhaupt wagen, in einem abschließenden Kapitel dieses Buches auf wenigen Seiten über »neuere Ergebnisse« der Mengenlehre auch nur zu *berichten*?

Ganz gewiß kann es nicht darum gehen, auf die eine oder andere Weise »Vollständigkeit« zu erreichen. Wir wollen uns darauf beschränken zu zeigen, *was die moderne Mathematik zu einigen besonders wichtigen und schon in den Tagen* CANTORS *erörterten Fragen Neues zu sagen hat.* Da ist zunächst das Problem der *transfiniten Zahlen*. CANTOR hatte ja den kühnen Versuch unternommen, den Bereich der natürlichen Zahlen durch Definition von unendlichen Ordnungs- und Kardinalzahlen zu erweitern.

Er schreibt darüber am 24. 8. 1884 an seinen Lehrer Leopold KRONECKER[1]:

> Ich gehe vom Begriff einer »wohlgeordneten Menge«[2] aus, nenne wohlgeordnete Mengen von gleichem Typus (oder gleicher Anzahl) solche, die sich unter *Wahrung der beiderseitigen Rangfolge* ihrer Elemente gegenseitig eindeutig aufeinander beziehen lassen und verstehe nun unter Zahl das Zeichen oder den Begriff für einen *bestimmten Typus* wohlgeordneter Mengen.

Die reifste Fassung des Begriffs *Kardinalzahl* im Schrifttum CANTORS findet sich in einem Brief an DEDEKIND[3]. Wir haben sie bereits im Kap. III. 1. zitiert.

---

[1] Veröffentlicht in [10], S. 240f.
[2] Vgl. dazu Kap. IV.5!
[3] Über frühere Formulierungen bei CANTOR vgl. [3] oder [10].

Es liegt nahe, auf die Einführung eines besonderen, einer Äquivalenzklasse zugeordneten Begriffs »Kardinalzahl« zu verzichten und einfach zu sagen:

Eine Kardinalzahl *ist* eine Klasse äquivalenter Mengen.

Diese Definition haben wir ja im Kap. VII. für endliche Mengen (aus einem endlichen Mengensystem) übernommen. Es ist aber (wie schon in Kap. III. 1. erwähnt) bedenklich, auf die Beschränkung auf ein festes »Mengensystem« zu verzichten. Das sieht man so ein: Deuten wir (vgl. Kap. III. 1.) $\aleph$ (Aleph) als die Mächtigkeit des Kontinuums. $\aleph$ wäre also die Klasse aller Mengen, die zur Menge $\mathbb{R}$ der reellen Zahlen äquivalent sind. Nun ändert sich (wie man leicht zeigen kann) die Mächtigkeit einer unendlichen Menge nicht, wenn man *ein* Element hinzufügt. Es ist z.B.

(1) $\quad \mathbb{R} \sim \mathbb{R} \cup \{a\}$.

Dabei ist $\{a\}$ eine Menge mit irgend *einem* Element a. Wir können statt (1) natürlich auch

(1') $\quad \mathbb{R} \sim \mathbb{R} \cup \{M\}$

schreiben[4]. Dabei ist M irgendeine Menge. Man beachte: Die Menge M kann so viele Elemente haben, wie sie will: $\{M\}$ hat nur *ein* Element, nämlich die *Menge M*.

Man kann nun M in (1') die *Menge $\mathfrak{M}$ aller Mengen* durchlaufen lassen. Jedes Element M dieser Menge $\mathfrak{M}$ liefert eine zu $\mathbb{R}$ äquivalente Menge $\mathbb{R} \cup \{M\}$. Danach besteht eine eineindeutige Zuordnung zwischen der *Menge $\mathfrak{M}$ aller Mengen* und der Menge der Mengen vom Typ $\mathbb{R} \cup \{M\}$, $M \in \mathfrak{M}$. Da aber die Einführung von Mengen, die sich selbst als Element enthalten, zu Antinomien führt, darf man auch nicht einfach *die Klasse aller zu einer Menge M äquivalenten Mengen* bilden. Das ist höchstens zulässig bei Beschränkung auf ein (z.B. durch ein Axiomensystem) beschränktes Mengensystem.

Es erscheint deshalb besser, auf die klassische Definition Cantors überhaupt zu verzichten und den Begriff der Kardinalzahl auf andere Weise zu begründen. Das kann so geschehen, daß man zunächst die *Ordnungszahlen* einführt.

Auch hier erweist sich der Rückgriff auf die Cantorsche Erklärung nicht als empfehlenswert. Er spricht in seinem Brief an Kronecker von *wohlgeordneten Mengen, die sich unter Wahrung*

---

[4] $\mathbb{R} \cup \{M\}$ ist zu unterscheiden von $\mathbb{R} \cup M$.

der beiderseitigen Rangfolge aufeinander eineindeutig abbilden lassen. An anderer Stelle hat er solche Mengen *ähnlich* genannt:

> Zwei geordnete Mengen $[M, \prec]$ und $[N, \prec]$ heißen *ähnlich*, im Zeichen
>
> $$[M, \prec] \simeq [N, \prec],$$
>
> wenn es eine eineindeutige Abbildung zwischen diesen Mengen gibt, die die Ordnung erhält.

Das heißt ausführlicher: Sind a und b irgend zwei Elemente aus M und a' und b' die (durch die angenommene eineindeutige Zuordnung) entsprechenden Elemente von N und gilt $a \prec b$, so soll auch $a' < b'$ gelten. Die (wohlgeordneten) Mengen[5]

$$A = \{a_1, a_2, a_3, \ldots\}$$

und

$$B = \{b_1, b_2, b_3, \ldots\}$$

sind offenbar ähnlich, nicht aber die Menge A und

$$C = \{a_1, a_2, a_3, a_4, \ldots, c\}.$$

Dabei ist die Ordnung von C so erklärt: Es gilt $a_\nu \prec c$ für alle ν, und $a_\mu \prec a_\nu$, wenn $\mu < \nu$ ist.

A und C sind als unendliche Mengen zwar *äquivalent*, aber (bei der hier erklärten Ordnung) nicht *ähnlich*.

Man könnte nun versucht sein, die CANTORsche Erklärung so zu variieren:

> Eine *Ordnungszahl* ist eine Klasse wohlgeordneter ähnlicher Mengen.

Es ist aber nicht schwer zu zeigen, daß sich auch gegen diese Definition dieselben Bedenken geltend machen lassen wie gegen die zitierte Erklärung des Begriffs *Kardinalzahl*.

Wenn wir uns jetzt anschicken, die klassischen Definitionen durch moderne zu ersetzen, so darf man in diesem Verfahren keine Abwertung der Leistung CANTORS sehen. Es bleibt das unbestreitbare Verdienst des Begründers der Mengenlehre, daß er nicht nur die ersten grundlegenden Einsichten über den Vergleich unendlicher Mengen gewonnen hat. Wir danken ihm auch eine große Anzahl von sehr zweckmäßigen Begriffsbildungen.

---

[5] Es soll $a_\mu \prec a_\nu$ und $b_\mu \prec b_\nu$ gelten, wenn $\mu < \nu$ ist.

Dazu gehören viele Erklärungen aus der modernen Topologie[6], aber auch der Begriff der wohlgeordneten Menge *und* der der Kardinal- und Ordnungszahl (für unendliche Mengen). Es ist nicht so gewichtig, daß die beiden letzten Begriffe heute (aus guten Gründen) anders gefaßt werden. Die »Idee« ist geblieben, und mehr als das: CANTOR hat einen Kalkül für seine transfiniten Zahlen geschaffen, er hat die Addition, die Multiplikation und die Potenzierung von Kardinal- und Ordnungszahlen eingeführt. Und alle seine Rechenregeln sind auch für die modern erklärten »transfiniten Zahlen« noch gültig.

Eigentlich haben wir nur den Begriff der Ordnungszahl neu zu fassen. Der daraus (in der modernen Konzeption) resultierende Zugang zur Erklärung der Kardinalzahl war auch schon CANTOR bekannt. Davon wird noch zu reden sein (Kap. VIII. 3).

2. Ordnungszahlen

Unter Bezug auf die im Kap. IV. 3. gegebenen Erklärungen können wir jetzt den Begriff der *Ordnungszahl* so definieren:

Eine wohlgeordnete Menge W heißt eine *Ordnungszahl*, wenn für jedes Element w der Menge W

$$w = A_w$$

gilt. Dabei ist A_w *der durch w erzeugte Abschnitt.*

Wir haben bereits (Kap. IV. 3.) im Anschluß an die v. NEUMANNsche Definition der natürlichen Zahlen gezeigt daß diese Ordnungszahlen im Sinne der allgemeinen Erklärung sind. Wir können jetzt hinzufügen, daß auch die unendliche Menge

$$\omega = \{0, 1, 2, 3, 4, \ldots\}$$

eine Ordnungszahl ist. Es ist ja z. B. der durch die Zahl 4 erzeugte Abschnitt

$$A_4 = \{0, 1, 2, 3\},$$

und das ist (nach Kap. IV. 3.) wieder gerade die Zahl 4. Wir haben tatsächlich $4 = A_4$, $5 = A_5$, usf. Der durch das Element 0 erzeugte Abschnitt ist übrigens die leere Menge: $A_0 = 0 = \emptyset$. Es gilt nun weiter: *Ist W eine Ordnungszahl, so ist auch*

$$W^+ = W \cup \{W\}$$

eine Ordnungszahl.

[6] Näheres z. B. in [10].

Ist nämlich x irgendein Element aus der Menge W^+, so ist x Element von W *oder* von $\{W\}$ (also gleich der Menge W selbst). Wir ordnen nun W^+ so:

$$W^+ = \{\ldots, W\}.$$

Dabei stehen die Punkte für die Elemente von W in ihrer Wohlordnung. *Vor* W stehen gerade die sämtlichen Elemente von W. Es ist also

$$A_W = W.$$

Für die Elemente x von W gilt aber nach Voraussetzung $x = A_x$. Deshalb ist *jedes* Element von W^+ tatsächlich gleich dem durch dieses Element erzeugten Abschnitt: W^+ *ist eine Ordnungszahl.* Danach sind die Mengen

$$\begin{aligned}\omega^+ &= \{0,1,2,3,\ldots;\omega\},\\ \omega^{++} &= \{0,1,2,3,\ldots;\omega,\omega^+\} = (\omega^+)^+,\\ \omega^{+++} &= (\omega^{++})^+\\ &\ldots\end{aligned}$$

sämtlich Ordnungszahlen.

Wir müssen uns versagen, an dieser Stelle auf die reizvolle Theorie der Ordnungszahlen ausführlicher einzugehen[7]. Beschränken wir uns darauf, noch zwei besonders wichtige Sätze zu notieren:

(I) *Jede wohlgeordnete Menge ist zu genau einer Ordnungszahl ähnlich.*
(II) *Von zwei verschiedenen Ordnungszahlen ist die eine gleich einem Abschnitt der anderen.*

Die Ordnungszahl 5 ist z. B. ein Abschnitt der Ordnungszahl

$$\omega^+ = \{0,1,2,3,4,5,\ldots;\omega\}.$$

Es ist ja

$$5 = A_5 = \{0,1,2,3,4\},$$

und das ist ein Abschnitt der Menge ω^+, ω^+ wiederum ist ein Abschnitt von ω^{++}, von ω^{+++}, usf.

Die grundlegende Bedeutung dieser Sätze wird nach Einführung des Begriffes der *Kardinalzahlen* deutlich werden.

Wenn eine Ordnungszahl α einem Abschnitt der Ordnungszahl β gleich ist, so sagen wir, daß $\alpha < \beta$ sei. So ist z. B $5 < \omega^+$,

---

[7] Näheres z. B. in [1] oder [10].

$\omega^+ < \omega^{++}$ usf. Für die *endlichen* Ordnungszahlen fällt die so definierte Kleiner-Relation mit der aus dem elementaren Rechnen vertrauten zusammen: Es ist (im Sinne der Theorie der Ordnungszahlen) $a < b$ ($a \in \mathbb{N}$, $b \in \mathbb{N}$) genau dann, wenn es eine natürliche Zahl x gibt, die die Gleichung

$a + x = b$

erfüllt.

3. Kardinalzahlen

Nach der eben eingeführten <-Relation für Ordnungszahlen ist z. B. $\omega < \omega^+$. Trotzdem sind die beiden Mengen

$\omega\ = \{0, 1, 2, 3, 4, \ldots\}$,

und

$\omega^+ = \{0, 1, 2, 3, 4, \ldots; \omega\}$

äquivalent. Man kann ja eine eineindeutige Abbildung zum Beispiel so vollziehen:

ω	0	1	2	3	4	5	...
↕	↕	↕	↕	↕	↕	↕	
	0	1	2	3	4	5	6	...

ω und ω^+ sind also äquivalent, aber sie sind *nicht ähnlich*. Bei der hier angegebenen Abbildung bleibt ja die Ordnung nicht erhalten.

Zwei verschiedene *endliche* Ordnungszahlen sind niemals äquivalent. Wohl aber gibt es (wie unser Beispiel zeigt) verschiedene unendliche Ordnungszahlen, die zueinander äquivalent sind.

Nach diesen Vorbereitungen können wir den Begriff der *Kardinalzahl* definieren:

> Eine Ordnungszahl heißt eine *Kardinalzahl*, wenn sie zu keiner kleineren Ordnungszahl äquivalent ist.

Nach dieser Erklärung sind offenbar alle natürlichen Zahlen auch Kardinalzahlen. Aber auch die Menge ω der natürlichen Zahlen ist eine Kardinalzahl. Eine Ordnungszahl $\alpha < \omega$ ist ja eine natürliche Zahl, und es kann gewiß keine eineindeutige Abbildung zwischen der Menge ω und einer endlichen Menge geben.

CANTOR hat zur Bezeichnung von unendlichen Kardinalzahlen hebräische Buchstaben benutzt[8]. Die Ordnungszahlen

$$\omega, \omega^+, \omega^{++}, \omega^{+++}, \ldots$$

sind ja alle zu ω äquivalent (nicht ähnlich!). Man setzt

$$\aleph_0 = \overline{\overline{\omega}} = \overline{\overline{\omega^+}} = \overline{\overline{\omega^{++}}} = \ldots$$

Entsprechend steht $\aleph$ für die Mächtigkeit (Kardinalzahl) des *Kontinuums*:

$$\aleph = \overline{\overline{\mathbb{R}}}.$$

Dabei steht allgemein $\overline{A}$ für die Ordnungszahl einer (wohlgeordneten) Menge A, $\overline{\overline{A}}$ für die entsprechende Kardinalzahl. Es ist üblich, die zu einer Ordnungszahl gehörende Kardinalzahl nur durch *einfaches* Überstreichen zu charakterisieren, also z. B. $\aleph_0 = \overline{\omega^+}$.

Es ist bisher nicht beachtet worden, daß diese moderne Definition der Kardinalzahl sich schon bei CANTOR findet. Das ist durchaus verständlich, denn diese Fassung der Definition sucht man in seinen Abhandlungen und in der Ausgabe seiner gesammelten Werke vergeblich. Sie steht in den Lebenserinnerungen von Gerhard KOWALEWSKI; dort heißt es[9]:

> Übrigens kann man diese Mächtigkeit, wie es auch CANTORS Gewohnheit war, durch die niedrigste oder die Anfangszahl jener Zahlenklasse repräsentieren und überhaupt die Alephs mit diesen Anfangszahlen identifizieren...

Die Identifizierung der Alephs mit den kleinsten Ordnungszahlen ist z. B. in dem Brief an DEDEKIND vom 28. Juli 1899 ([3], S. 443 ff.) noch nicht vollzogen. Offenbar stammen die (ein halbes Jahrhundert später aufgeschriebenen!) Erinnerungen KOWALEWSKIS an die Vorträge CANTORS aus dem Anfang des 20. Jh. Und CANTOR hat hier eine Fassung seiner Theorie vorgetragen, die sich nicht unwesentlich von der der großen Arbeiten von 1895 und 1897 unterscheidet. Leider hat CANTOR in diesen Jahren nichts mehr veröffentlicht, und so haben uns nur

---

[8] Vgl. Kap. III. 1.
[9] G. KOWALEWSKI, Bestand und Wandel. München 1950, S. 202.

die Erinnerungen von Gerhard KOWALEWSKI diese späte Fassung der CANTORschen Definition bewahrt.

Es ist ein schöner, wenn auch später Triumph des CANTORschen Genies: Die modernen axiomatischen Fassungen bestätigen in allen wesentlichen Punkten die »intuitiven« Ideen und Deduktionen des Schöpfers der Mengenlehre. Nur die NEUMANNschen Definitionen der natürlichen Zahl und der Ordnungszahl unterscheiden sich wesentlich von der Theorie CANTORS. Aber schon die Arithmetik dieser Ordnungszahlen deckt sich wieder mit den schon von CANTOR gegebenen Rechenregeln.

Zu den bemerkenswertesten Ergebnissen der CANTORschen Theorie gehören seine Aussagen über die Zahlklassen. Es zeigt sich, daß auch in der modernen Theorie diese Zusammenfassung von Ordnungszahlen zu einer Menge legitim ist.

Es existiert die Menge aller Ordnungszahlen, die zu einer gegebenen Ordnungszahl äquivalent sind.

Solche Existenzaussagen sind nicht als metaphysische Thesen über etwas »Seiendes« zu verstehen. Unser Satz besagt nicht mehr und nicht weniger, als daß sich aus dem ZERMELO-FRAENKEL-System[10] die Existenz der Menge der zu einer vorgegebenen Ordnungszahl α äquivalenten Ordnungszahlen herleiten läßt. Man kann aus diesem System *nicht* die Gegebenheit

der Menge aller Mengen,
der Menge aller Ordnungszahlen,
oder
der Menge aller zu einer Menge M äquivalenten Mengen

begründen. Das Arbeiten mit diesen (zu Antinomien führenden) Mengen wird also durch unser Axiomensystem *nicht* freigegeben. Wohl aber darf man z. B.

die Menge aller zu ω äquivalenten Ordnungszahlen

bilden. Diese Menge hat CANTOR *die zweite Zahlklasse* genannt (die *erste Zahlklasse* umfaßt die endlichen Ordnungszahlen).

Die Untersuchungen CANTORS über die »Zahlklassen« werden damit durch die spätere Axiomatisierung seiner Theorie »legalisiert«. Übrigens: CANTOR hätte eine solche Rechtferti-

---

[10] In seiner modernen, präzisierten Form. Vgl. etwa [1] oder [10]. In diesen Schriften findet man auch die Beweise für die in diesem Abschnitt erwähnten Sätze.

gung abgelehnt. Er glaubte an die *Wahrheit* seiner Theorien und an die »Realexistenz« seiner transfiniten Mengen. Wenn wir heute formalistisch vorgehen und metaphysische Thesen meiden, so geschieht das nicht, weil wir seine Vorstellungen für nachweislich falsch halten. Wir lassen nur (an dieser Stelle und bei allen »normalen« mathematischen Deduktionen) ontologische Fragestellungen beiseite und beschränken uns auf Aussagen über funktionierende Formalismen. Es bleibt dem Einzelnen überlassen, ob er *hinter* diesen Formalismen »Seiendes« annimmt oder nicht.

Immerhin: Solch ein Axiomensystem ist (mindestens) ein sprachliches Kunstwerk. Es schließt jene Wege aus, die in den Abgrund der Antinomien führen, gibt aber die Bahn frei für das »von CANTOR geschaffene Paradies«.

Die zweite Zahlklasse ist nicht abzählbar. Ihre Mächtigkeit $\aleph_1$ *ist die kleinste Kardinalzahl, die größer als* $\aleph_0$ *ist.* Zu den Elementen der zweiten Zahlklasse gehören die Ordnungszahlen

$$\omega, \omega^+, \omega^{++}, \ldots$$

Die aus *diesen* Elementen gebildete Menge ist aber abzählbar. Da die zweite Zahlklasse Z_2 von höherer Mächtigkeit ist, gibt es noch weitere zu ω äquivalente Ordnungszahlen.

Unsere Sätze über die Ordnungs- und Kardinalzahlen führen zu dem wichtigen Ergebnis, daß *irgend zwei Mengen hinsichtlich ihrer Mächtigkeit vergleichbar* sind.

Nach dem schon im Kap. IV.5. erwähnten ZERMELOSCHEN Wohlordnungssatz kann ja jede Menge wohlgeordnet werden. Jede wohlgeordnete Menge ist aber (vgl. [10], S. 101 ff.) zu genau einer Ordnungszahl äquivalent, und irgend zwei Ordnungszahlen sind »vergleichbar« ([10], S. 104). Sind also M und N irgend zwei Mengen (deren Existenz sich aus dem Axiomensystem ergibt), so kann man ihnen die Ordnungszahlen α und β von entsprechenden wohlgeordneten Mengen zuordnen. Es sei etwa $\alpha < \beta$. Dann folgt daraus für die zugehörigen Kardinalzahlen: $\bar{\alpha} \leq \bar{\beta}$. Das Gleichheitszeichen steht genau dann, wenn $\alpha \sim \beta$ gilt. Ist etwa $\bar{\alpha} < \bar{\beta}$, so ist auch die Mächtigkeit von M kleiner als die von N: $\overline{\overline{M}} < \overline{\overline{N}}$. Leider müssen wir hinzufügen, daß der Satz über den Mengenvergleich eine reine Existenzaussage ist. Wir können nicht in jedem Fall effektiv entscheiden, ob für vorgegebene Mengen M und N

$$\overline{\overline{M}} < \overline{\overline{N}},\ \overline{\overline{M}} = \overline{\overline{N}}\ \text{oder}\ \overline{\overline{M}} > \overline{\overline{N}}$$

gilt, weil ja der Wohlordnungssatz kein konstruktives Verfahren zur Herstellung der Wohlordnung angibt.

4. Die Frage der Widerspruchsfreiheit

Durch die konsequente Axiomatisierung der Mengenlehre sind aber die durch die Antinomien in Frage gestellten Ergebnisse CANTORS gesichert worden. Das ist *ein* wichtiges Ergebnis der neueren Forschung.

Aber ist denn CANTORS »Paradies« durch die Axiomatisierung wirklich »gerettet«? Zunächst ist doch nur gezeigt, daß die Axiomatisierung der Mengenlehre die *bereits bekannten* in sich widerspruchsvollen Mengenbildungen nicht mehr zuläßt. Aber können nicht an anderer Stelle Widersprüche auftreten? Kann man *beweisen*, daß die formalisierte Mengenlehre in sich widerspruchsfrei ist?

Dazu ist zunächst zu sagen, daß diese kritische Frage auch für andere Gebiete der Mathematik (in denen bisher keine Antinomien auftraten) gestellt werden kann.

In der Tat hat die Entdeckung der Antinomien zu der Einsicht geführt, daß ein Nachweis der Widerspruchsfreiheit für alle mathematischen Disziplinen wünschenswert sei. HILBERT hat auf dem internationalen Mathematikerkongreß in Heidelberg im Jahre 1904 gefordert, man möge eine »Theorie des Beweisens« entwickeln. HILBERT hat mit vielen seiner Schüler diese wichtige Aufgabe in Angriff genommen. Man dankt ihm z. B. einen Beweis für die Widerspruchsfreiheit der Aussagenlogik[11]. Es zeigte sich aber bald, daß Beweise für die Widerspruchsfreiheit der komplizierteren Theorien nicht so leicht durchzuführen waren. Und im Jahre 1931 gelang dem österreichischen Mathematiker GÖDEL der Nachweis, daß die Widerspruchsfreiheit der Zahlentheorie nicht mit den Mitteln der Zahlentheorie selbst geführt werden kann. Anders ausgedrückt: Wenn die (formalisierte) Zahlentheorie in sich widerspruchsfrei ist, dann ist diese Widerspruchsfreiheit nicht (mit den Mitteln des Systems) beweisbar.

Viele Mathematiker sahen in diesem wichtigen Ergebnis GÖDELS[12] den Nachweis für die Unerfüllbarkeit des HILBERT-

---

[11] Siehe dazu z. B. [9], Kap. X.

[12] Heinrich SCHOLZ hat die GÖDELsche Arbeit eine *Kritik der reinen Vernunft vom Jahre 1931* genannt.

schen Programms. Aber wenige Jahre später gelang Gerhard GENTZEN (1909–1945) tatsächlich ein Beweis für die Widerspruchsfreiheit der reinen Zahlentheorie. Freilich – er benutzte zu seinem Beweis ein Hilfsmittel, das nicht in der Theorie selbst liegt, nämlich den mengentheoretischen Satz über die *transfinite Induktion*[13]. Sein Ergebnis steht also nicht im Gegensatz zu dem GÖDELschen Satz.

Aus den Resultaten solcher Beweisversuche hat der Philosoph STEGMÜLLER den bemerkenswerten Schluß gezogen[14]:

> Eine »Selbstgarantie« des menschlichen Denkens ist, auf welchem Gebiet auch immer, ausgeschlossen. Man kann nicht vollkommen »voraussetzungslos« ein positives Resultat gewinnen. Man muß bereits an etwas glauben, um etwas anderes rechtfertigen zu können.

Unter diesen Umständen ist nicht zu erwarten, daß ein Beweis für die Widerspruchsfreiheit eines vollständigen Axiomensystems der Mengenlehre gelingen könnte. Die allgemeine Mengenlehre ist ja ein Fundament der *gesamten* Mathematik, und man kann keinen Standort außerhalb der Mengenlehre beziehen, um für diese Theorie die Widerspruchsfreiheit zu beweisen.

Es gibt aber Beweise für die Widerspruchsfreiheit von *Teilen* der Mengenlehre; einer wurde von ACKERMANN[15] (1896–1962) erbracht.

5. Das Kontinuumproblem

Aus der großen Zahl neuerer Forschungsergebnisse zur Mengenlehre wollen wir abschließend eins herausgreifen, das von besonderer erkenntnistheoretischer Bedeutung ist: CANTORS *Kontinuumproblem*.

Wir erinnern uns: Die Zahlen der 2. Zahlklasse sind von der Mächtigkeit $\aleph_1$, und $\aleph_1$ ist die kleinste Mächtigkeit, die größer als die Mächtigkeit $\aleph_0$ der Menge ω ist:

(2) $\bar{\omega} = \aleph_0 < \aleph_1$.

---

[13] Das ist eine Verallgemeinerung des bekannten Prinzips der vollständigen Induktion auf wohlgeordnete Mengen. Näheres darüber z. B. in [10].

[14] W. STEGMÜLLER, Metaphysik, Wissenschaft, Skepsis. Frankfurt und Wien 1954, S. 243.

[15] Math. Annalen 114, S. 305–315.

Andererseits wissen wir, daß die reellen Zahlen nicht abzählbar sind. Wir haben die Mächtigkeit von $\mathbb{R}$ mit $\aleph$ bezeichnet und wissen, daß $\aleph$ zugleich die Mächtigkeit der Potenzmenge von ω ist:

(3) $\overline{\overline{\mathfrak{P}(\omega)}} = \overline{\overline{\mathbb{R}}} = \aleph$.

Es gilt auch

(4) $\aleph_0 < \aleph$,

und CANTOR vermutete, daß $\aleph$ die kleinste Mächtigkeit ist, die größer als $\aleph_0$ ist. Er nahm also an, daß

(5) $\aleph = \aleph_1$

gilt und versuchte immer wieder, diese *Kontinuumhypothese* zu beweisen.

Am Schluß einer im Jahre 1883 bei den ›Mathematischen Annalen‹ eingereichten Arbeit kündigt CANTOR schon die Lösung dieses Problems an, und am 26. August 1884 schreibt er[16] triumphierend seinem Freunde MITTAG-LEFFLER, daß er die Kontinuumhypothese bewiesen habe. Aber wenige Wochen später widerruft er und spricht von einem »strengen Beweis dafür, daß das Continuum *nicht* die Mächtigkeit der zweiten Zahlklasse hat und noch mehr, daß es überhaupt keine durch eine Zahl angebbare Mächtigkeit hat«. Aber auch das muß er schon am nächsten Tag widerrufen.

Der Briefwechsel mit MITTAG-LEFFLER macht deutlich, mit welcher Härte CANTOR sich um die Lösung des Kontinuumproblems bemüht hat. Jeder, der sich ernsthaft mit mathematischer Forschung befaßt hat, wird verstehen, wie ihn dieses schließlich doch ergebnislose Bemühen belastet hat.

Erst die Formalisierung der Mengenlehre führte zu neuen Einsichten über das Kontinuumproblem. Im Jahre 1938 gelang Kurt GÖDEL der Nachweis, daß die Kontinuumhypothese nicht im Widerspruch steht zu den ZERMELOschen Axiomen. Man könnte also dem ZERMELO-System die CANTORsche Hypothese als ein neues »Axiom« anfügen, ohne daß Antinomien zu befürchten wären. Ausführlicher gesagt: Die Widerspruchsfreiheit des (gesamten) Axiomensystems für die Mengenlehre kann (nach einem anderen Ergebnis von GÖDEL) nicht bewiesen werden. Wenn man aber die Widerspruchsfreiheit der ZERMELO-

---

[16] Der Brief ist in [10] (S. 242f.) veröffentlicht.

Axiome (ohne Auswahlaxiom) voraussetzt, folgt daraus die Widerspruchsfreiheit des um die Kontinuumsaussage erweiterten Systems.

Im Jahre 1964 bewies nun COHEN[17], daß die entsprechende Aussage *auch für die Negation* der CANTORschen Aussage gilt. Wenn man also den Axiomen der Mengenlehre noch die These hinzufügt, daß es eine »Zwischenmächtigkeit« gibt, so ist auch kein Widerspruch zu erwarten. *In summa: Die Kontinuumhypothese ist weder zu beweisen noch zu widerlegen.*

Wer sich in der Geschichte der Axiomatik einigermaßen auskennt, denkt sofort an eine bedeutsame Parallele: Zwei Jahrtausende lang hatten sich die Geometer um den Beweis des euklidischen Parallelenpostulats bemüht. Schließlich wurde durch die Entdeckung der nichteuklidischen Geometrie durch BOLYAI und LOBATSCHEWSKIJ deutlich, daß das 5. Postulat EUKLIDS unabhängig ist von den übrigen Axiomen. Fügt man es den Axiomen der Verknüpfung, der Kongruenz und der Stetigkeit hinzu, so gewinnt man die klassische euklidische Geometrie. Ersetzt man es durch den Satz, daß es durch einen Punkt zu einer Geraden mindestens zwei Parallelen gibt, so ist man auf die »hyperbolische« Geometrie geführt.

CANTORS Bemühen um das Kontinuumproblem ist danach dem Eifer vieler Generationen von Mathematikern vergleichbar, die EUKLIDS Parallelenpostulat beweisen wollten.

Es gibt aber keine Anzeichen dafür, daß CANTOR selbst jemals die Möglichkeit der Nichtbeweisbarkeit und der Unabhängigkeit der Kontinuumhypothese erwogen hat. Offenbar lagen ihm formalistische Untersuchungen völlig fern.

Für ihn waren die mathematischen Sätze Thesen über etwas Seiendes; er war ja sogar davon überzeugt, daß den Mächtigkeiten $\aleph_0$ und $\aleph$ Realitäten in der physikalischen Welt entsprechen. Wir fürchten: Er hätte keine Freude gehabt an der »Auflösung« seiner Fragestellung durch die modernen Grundlagenforscher. Und doch gehört gerade die Anregung der mathematischen Untersuchungen durch die Antinomien um die offenen Fragen der Mengenlehre zu den wichtigsten Auswirkungen des CANTORschen Werkes.

Mit Recht spricht man heute von der Möglichkeit einer »nichtcantorschen« Mengenlehre, einer Theorie des Transfiniten also, in der die Negation der CANTORschen Vermutung zu den

---

[17] P. COHEN, Set Theory and the Continuum Hypothesis. Reading, Mass. 1966.

Axiomen gehört. Die Analogie der Entwicklung in der Mengenlehre mit der Geometrie ist kürzlich von COHEN und HERSH[18] anschaulich dargestellt worden.

Geometry	Stage of Development	Set Theory
Thales, Pythagoras	Intuitive basis for first theories	Cantor
Zeno	Paradox revealed	Russell
Eudoxos, Euclid	Axiomatic basis for standard theory	Zermelo, Fraenkel, etc.
Descartes, Hilbert	Standard theory shown (relatively) consistent	Gödel
Gauß, Riemann	Discovery of nonstandard	current work[19]
Minkowski, Einstein	Application of nonstandard theory	? ? ?

Die Einsicht, daß es nichteuklidische Geometrien und nichtcantorsche Mengenlehren geben kann, läßt alle früheren »Existenzaussagen« der Mathematiker in einem neuen Licht erscheinen. Es wird verständlich, daß die Mathematiker unseres Jahrhunderts meist Formalisten sind: Sie verstehen die Mathematik als die Wissenschaft von den formalen Systemen. Die »Existenz« mathematischer Objekte gilt als gesichert, wenn sie in dem der Theorie zugrunde gelegten Axiomensystem postuliert ist oder aus den Axiomen deduziert werden kann.

Wir verstehen diesen Formalismus als ein methodisches Prinzip: der moderne Mathematiker beschränkt sich auf Aussagen, die durch widerspruchsfreie Formalismen gesichert sind und erreicht damit eine weltweite Gemeinsamkeit der Forschenden. Freilich: Die Tatsache, daß die formalen Systeme der Mathe-

---

[18] COHEN und HERSH, Non Cantorian Set Theory, in: M. KLINE, Mathematics in the modern world. San Francisco und London 1968, S. 212–220.

[19] Hier dürfte man den Namen des Autors dieser Zusammenstellung einsetzen: COHEN.

matiker sich immer wieder bei der Beschreibung physikalischer Prozesse bewähren, führt doch immer wieder auf die Frage nach dem »Seinsgrund« der Mathematik. Man sollte Fragestellungen dieser Art nicht einfach den Philosophen überlassen[20]. Es ist aber vernünftig, solche Probleme aus dem Alltag der mathematischen Arbeit zu verbannen und formalistisch zu verfahren.

[20] Vgl. dazu z. B. [9].

Literatur

Die mit einem Stern bezeichneten Bände sind besonders leicht lesbare, für Anfänger bestimmte Einführungen.

[1] Abian, A.: The Theory of Sets and Transfinite Arithmetic. Philadelphia und London 1965.
[2] Alexandroff, P. S.: Einführung in die Mengenlehre und die Theorie der reellen Funktionen. Berlin 1956.
[3] Cantor, G.: Gesammelte Abhandlungen mathematischen und philosophischen Inhalts. Neudruck Hildesheim 1962.
[4]* Félix, L.: Elementarmathematik in moderner Darstellung. Braunschweig 1966.
[5] Hilbert, D.: Grundlagen der Geometrie. 11. Aufl. Stuttgart 1972.
[6] Klaua, D.: Allgemeine Mengenlehre. Ein Fundament der Mathematik I, II. Berlin 1968.
[7] Lorenzen, P.: Einführung in die operative Logik und Mathematik. Berlin–Göttingen–Heidelberg 1955.
[8] Meschkowski, H.: Einführung in die moderne Mathematik. BI-Hochschultaschenbuch 75, 4. Aufl. Mannheim 1972.
[9] Meschkowski, H.: Wandlungen des mathematischen Denkens. 4. Aufl. Braunschweig 1969.
[10] Meschkowski, H.: Probleme des Unendlichen. Werk und Leben Georg Cantors. Braunschweig 1967.
[11]* Meschkowski, H.: Mathematik. Berlin–Darmstadt–Wien 1969.
[12] Meschkowski, H.: Mathematik als Grundlage. Ein Plädoyer für ein rationales Bildungskonzept. dtv 4130, München 1972.
[13] Meschkowski, H. (Hrsg.): Meyers Handbuch über die Mathematik. 2. Aufl. Mannheim 1972.
[14]* Meschkowski, H. (Hrsg.): Mathematik-Duden für Lehrer. 5. Aufl. Mannheim 1970.
[15]* Meschkowski, H. (Hrsg.): Didaktik der Mathematik I. Stuttgart 1972.
[16] Meschkowski, H. (Hrsg.): Existenzprobleme in der modernen Mathematik. In: Der Mathematikunterricht 1971, Heft 4.
[17]* Meschkowski, H. (Hrsg.): Aufgabensammlung zur modernen Mathematik I. Mannheim 1972.
[18] Schmidt, J.: Mengenlehre I. BI-Hochschultaschenbuch 56, Mannheim 1968.
[19]* Schüler-Mathematik-Duden I, II. Mannheim 1972.
[20] Scriba, J.: The Concept of Number. BI-Hochschultaschenbuch 825, Mannheim 1968.

Register

Abschnitt 147
abzählbar 17, 25, 35
Ackermann, Wilhelm 154
ähnlich 146 ff.
äquivalent 70, 75, 87, 126, 146, 151
Äquivalenzklasse 145 ff.
Antinomie 41 ff., 49 ff.
Aussagenlogik 109

Barth, Karl 50
bijektiv 16
Bolyai, Johann von 54
Bolzano, Bernhard 14, 47
Boole, George 90, 109
Bourbaki 114 f.

Cantor, Georg 10 ff., 16 ff., 22 ff., 27, 37 ff., 48 ff., 57 ff., 60 f., 124, 143 ff., 150 ff.
Chisholm-Young, Grace 68 f.
Cohen, Paul Joseph 155 f.

Dedekind, Richard 10, 16 f., 24, 39, 144, 150
Descartes, René 102
Dienes, Z. P. 118 f., 128
Differenzmenge 137 f.
Dualzahlen 32 ff.
Dürer, Albrecht 99
Dürrenmatt, Friedrich 49

eineindeutig 16
Einstein, Albert 103
Erath, Vincent 119
Euklid 89, 156

Formalisierung 90
Frege, Gottlob 55 ff.
Funktion 14

Galilei, Galileo 13, 51 f.
Gauß, Karl Friedrich 46 f.
Gentzen, Gerhard 154
geordnet 64
Gödel, Kurt 153 ff.
Goldscheider, Franz 70
Gruppe 96

Hersh, Reuben 157
Hesse, Hermann 119
Hilbert, David 57 ff.
Höhe 15
hyperbolische Geometrie 44 f.

Kant, Immanuel 103
Kardinalzahl 71 ff., 82 f., 141, 145, 149
Kartesisches Produkt 101
Kontinuum 23 ff.
Kowalewski, Gerhard 150 ff.
Kronecker, Leopold 40 ff.

leere Menge 30
Leibniz, Gottfried Wilhelm 47, 109
Lobatschewskij, Nikolai 54
Lorenzen, Paul 132

Mächtigkeit 16 ff., 39, 71, 152, 155
Menge (Definition) 38
Méré, Antoine de 41
Mittag-Leffler, Gösta 48, 63, 128, 155
Morgan, Augustus de 112

Neumann, Hans von 61 ff., 69, 85, 88, 124, 151
New Math 11 f., 39, 112, 117 ff., 135
Newton, Isaac 89
Nikolaus von Cues 13

Ordnungszahl 75 ff., 86, 145 ff.

Paradoxien 13 ff., 49 f.
Pascal, Blaise 41
Platon 48
Potenzmenge 30, 155
Prädikatenlogik 110
Primzahl 113 f.

Relation 100 f.
Russell, B. 41 ff.

Sierpinski, Waclaw 28
Stegmüller, Wolfgang 154
Struktur 89, 106

Teilmenge 29
Teilmengensatz 30f.
topologischer Raum 102, 105

umkehrbar eindeutig 14

Verknüpfung 90, 95

Weierstraß, Carl 16
wohlgeordnet 64ff., 73, 146

Zahlen
 algebraische 21ff.
 ganze 65, 90
 natürliche 86, 91, 128
 rationale 14, 65
 reelle 17ff.
Zahlenklasse 79, 151
Zermelo, Ernst 51, 57ff., 66, 69, 85, 155

Atlanten im dtv

dtv-Atlas der Anatomie
Von Kahle / Leonhardt /
Platzer
Band 2: Innere Organe
Mit 163 Farbtafeln
3018

dtv-Atlas zur Astronomie
Von Joachim Herrmann
Mit 135 mehrfarbigen
Tafeln. 3006

dtv-Atlas zur Baukunst
Tafeln und Texte
Von Werner Müller und
Günther Vogel. 2 Bände
Band 1: Allgemeiner
Teil, Baugeschichte
von Mesopotamien bis
Byzanz
Mit 130 mehrfarbigen
Tafeln
3020

dtv-Atlas zur Biologie
Von Günther Vogel und
Hartmut Angermann
2 Bände
dtv-Originalausgabe
3011, 3012

dtv-Perthes-Weltatlas
Großräume in Vergangenheit und Gegenwart
Von Werner Hilgemann
und Günther Kettermann
Band 1:
Naher Osten
3112
Band 2:
Indien
3113
Weitere 10 Bände sind
geplant

dtv-Atlas zur Mathematik
Von F. Reinhardt /
H. Soeder
Band 1: Grundlagen
Algebra und Geometrie
Mit 118 mehrfarbigen
Tafeln
3006

dtv-Atlas zur Weltgeschichte
Von Hermann Kinder
und Werner Hilgemann
2 Bände
3001, 3002

Deutscher
Taschenbuch
Verlag

Nachschlage-werke im dtv

dtv-Lexikon
Das Taschenbuch-Lexikon nach Brockhaus
in 20 Bänden
3051–3070
Komplett in Kassette:
5981

dtv-Weltgeschichte
des 20. Jahrhunderts
14 Bände
4001–4014

dtv-Lexikon zur Geschichte und Politik im 20. Jahrhundert
Hrsg.: Carola Stern,
Thilo Vogelsang,
Erhard Klöss und
Albert Graff
3 Bände
3126–3128

dtv-Lexikon politischer Symbole
von Arnold Rabbow
3084

Daten deutscher Dichtung
Chronologischer Abriß
der deutschen Literatur-geschichte
Von Herbert und
Elisabeth Frenzel
3101, 3102

**Rudolf Kloiber:
Handbuch der Oper**
2 Bände
3109, 3110

dtv-Lexikon der Physik
Hrsg.: Hermann Franke
10 Bände
3041–3050

dtv-Lexikon zur Raumfahrt und Raketentechnik
Von Heinz Mielke
3098

dtv-Wörterbuch zur Psychologie
Von James Drever
und W. D. Fröhlich
3031

Deutscher
Taschenbuch
Verlag

Das Profil eines Programms

Belletristik
Romane, Erzählungen, Lyrik, Essays, Hörspiele

Sachbuch
Kunst, Musik, Augenzeugenberichte, Biographien, Länder, Reisen, Politik

dtv junior
Illustrierte Lesebücher, Sach- und Beschäftigungsbücher für Kinder und Jugendliche

Wissenschaft
Sprachwissenschaft, Literaturwissenschaft, Musik, Politik, Geschichte, Soziologie, Biologie, Physik, Medizin, Rechtswissenschaft und andere Gebiete

Nachschlagewerke
dtv-Lexikon in 20 Bänden, dtv-Lexika der Physik, der Antike
Weltgeschichte des 20. Jahrhunderts
dtv-Wörterbücher zur Geschichte, Psychologie, Geologie, Medizin
dtv-Atlanten zur Anatomie, Astronomie, Biologie, Mathematik, Weltgeschichte

Deutscher Taschenbuch Verlag